高等院校应用型人才培养"十四五"规划教材

Vue.js 项目实战

天津滨海迅腾科技集团有限公司　编著

王　刚　孙光明　主编

天津大学出版社
TIANJIN UNIVERSITY PRESS

图书在版编目(CIP)数据

Vue.js项目实战/天津滨海迅腾科技集团有限公司编著;王刚,孙光明主编. -- 天津：天津大学出版社，2022.2

高等院校应用型人才培养"十四五"规划教材

ISBN 978-7-5618-7138-6

Ⅰ.①V… Ⅱ.①天… ②王… ③孙… Ⅲ.①网页制作工具－程序设计－高等学校－教材 Ⅳ.① TP392.092.2

中国版本图书馆CIP数据核字(2022)第029866号

Vue.js XIANGMU SHIZHAN

出版发行		天津大学出版社
地	**址**	天津市卫津路92号天津大学内(邮编:300072)
电	**话**	发行部:022-27403647
网	**址**	www.tjupress.com.cn
印	**刷**	廊坊市海涛印刷有限公司
经	**销**	全国各地新华书店
开	**本**	185mm×260mm
印	**张**	19.5
字	**数**	487千
版	**次**	2022年2月第1版
印	**次**	2022年2月第1次
定	**价**	69.00元

高等院校应用型人才培养
"十四五"规划教材
指导专家

基于工作过程项目式教程
《vue.js 项目实战》

主　编　王　刚　孙光明
副主编　刘　涛　牛　芸　韩　静　章汉贵
　　　　李树真　张明宇　李世强　郭盛林

前　言

本书编写紧紧围绕"以行业及市场需求为导向,以职业专业能力为核心"的编写理念,融入符合新时代特色社会主义的新政策、新需求、新信息、新方法,以课程思政主线和实践教学主线贯穿全书,突出职业特点,明晰岗位工作动线和过程。

本书采用以项目驱动为主体的编写模式,通过实战项目驱动,实现知识传授与技能培养并重,以便更好地适应程序开发工程师职业岗位。本书体现了"做中学""学中做"的设计思路,通过分析对应知识、技能与素质要求,确立每个模块的知识与技能组成,并对内容进行甄选与整合。每个模块都设有学习目标、任务描述、技能点、任务实施、任务总结、英语角和任务习题。本书结构条例清晰、内容详细,任务实施是整本书的精髓部分,可以有效地考察学习者对知识和技能的掌握程度和拓展应用能力。而这部分内容均采用企业实际开发中运用到的各种真实的业务需求,以真实生产项目为载体组织教学单元,脱离传统教材繁杂的理论知识讲解,以真实的项目为载体、项目任务为驱动,基于程序开发工程师岗位的实际工作流程,将完成任务所需的相关知识和技能构建于项目之中,在完成项目的过程中不仅掌握了知识技能也培养了相应的职业技能,支持工学结合的一体化教学。

本书由王刚、孙光明共同担任主编,刘涛、牛芸、韩静、章汉贵、李树真、张明宇、李世强、郭盛林担任副主编。首先从 Vue.js 的基本用法出发,由简入深地讲解如何使用 Vue.js 构建单页应用。其次从创建一个 Vue 实例开始,深入学习 Vue 模板语法和常用指令,同时对 Vue 的一些基本特性,如计算属性、监听器、组件等进行讲解。最后通过对 Vue.js 的一些核心插件进行学习,使读者能够完整地构建一个 Vue.js 前端项目。

本书主要以书籍商城项目的实现流程为主线,通过"书籍商城项目构建"→"书籍商城菜单栏实现"→"书籍商城购物车实现"→"书籍商城首页设计"→"书籍商城注册功能"→"书籍商城服务端通信"→"书籍商城路由功能"→"书籍商城购物结算功能实现"来完成整体项目,循序渐进地讲述了 Vue.js 的基本用法和高级特性、Vue.js 必备核心插件的功能及用法。全书知识点的讲解由浅入深,使每一位读者都能有所收获,也保持了整本书的知识深度。

本书理论内容简明,任务实施操作讲解细致,步骤清晰,操作以及理论讲解过程均附有相应的效果图,便于读者直观、清晰地看到操作效果。通过对本书的学习,读者在 Vue.js 框架的应用中会更加得心应手,构建网络应用前端项目的能力更上一层楼。

由于编者水平有限,书中难免出现错误与不足,恳请读者批评指正和提出改进建议。

编者

2021 年 11 月

目　录

项目一　书籍商城项目构建

通过学习 Vue 的基础知识，了解 Vue 的相关概念，掌握 NPM 和 Node.js 的使用方法，掌握使用 Webpack 和 Vue CLI 创建 Vue 项目的能力，具有运用所学的相关知识构建书籍商城项目的能力，在任务实现过程中：

● 掌握 Vue 的基本概念；

● 掌握 Webpack 的基础知识；

● 掌握 Vue CLI 的相关知识；

● 掌握 NPM 和 Node.js 的基础知识。

【情景导入】

近几年,互联网前端行业发展依旧迅猛,涌现出了很多优秀的框架,同时这些框架也正在逐渐改变传统的前端开发方式。例如 Google 的 AngularJS、Facebook 的 ReactJS,这些前端 MVC(MVVM)框架的出现和组件化开发的普及和规范化,既改变了原有的开发思维和方式,也使得前端开发者加快脚步,更新自己的知识结构。2014 年 2 月,原 Google 员工公开发布了自己的前端库——Vue.js,时至今日,Vue.js 在 GitHub 上已经收获超过 30 000 star,而且越来越多的开发者在实际的生产环境中运用它。

【功能描述】

● 使用 Vue CLI 创建 Vue 项目。

技能点 1　Vue 简介

Vue.js 是一套响应式系统,前端开发库。Vue.js 自问世以来,作为非常流行的开发框架之一,受到了广泛的关注。作为信息技术的从业人员,在信息技术发展迅猛、不断涌现新技术的时代,同样要与时俱进,在知识结构和专业能力上不断加强学习,钻研专业技术。

课程思政
与时俱进

Vue.js 的 logo 如图 1-1 所示。

图 1-1　Vue.js 的 logo

1.Vue 的基本概念

Vue.js 是一套用于构建整体用户界面的渐进式框架。与其他重量级开发框架不同的是，Vue.js 采用自底向上增量进行开发的设计。Vue.js 的核心开源库只关注视图管理层，并且与其他开源库或现有开源项目进行整合非常容易。当与现代化的工具链以及各种支持类库结合使用时，Vue.js 也完全能够为复杂的单页应用提供驱动。Vue.js 还提供了 MVVM(Model-View-ViewModel()) 数据信息绑定。

Vue.js 具有响应式编程和组件化的特点。除此之外，Vue.js 还可以和一些周边工具配合起来，如 vue-router 和 vue-resource，支持路由和异步请求，这样就满足了开发单页面应用的基本条件。

2.Vue 的特点及优点

1）Vue 的特点

Vue.js 是一个非常优秀的用于前端开发的 JavaScript 库，它之所以十分火爆，受到许多程序员的喜爱，主要由于其有以下几个特点。

（1）轻量级的框架。

Vue.js 能够自动追踪依赖的模板表达式和计算属性，提供 MVVM 数据绑定和一个可组合的组件系统，具有简单、灵活的 API（Application Programming Interface，应用程序接口），使读者更加容易理解。

（2）双向数据绑定。

声明式渲染是数据双向绑定的主要体现，是 Vue.js 的核心，它允许采用简洁的模板语法将数据声明式渲染整合进 DOM。

（3）指令。

指令的作用是当其表达式的值发生改变时，相应地时将某些行为应用到 DOM 上。

（4）组件化。

组件 (Component) 是 Vue.js 最强大的功能之一。在 Vue 中，父组件通过 props 与子组件进行通信，父组件向子组件单向传递数据。子组件通过触发事件通知父组件改变数据。这样就形成了一个基本的父子通信模式。

在组件开发中每个组件和 HTML、JavaScript 等有非常紧密的协作关系，可以根据实际的开发需要自定义开发组件，既可使开发过程变得更加便利，也可大量减少代码的编写。组件还支持热重载 (Hot Reload)，即当做了修改时，不会直接刷新整个页面，只是对组件本身进行自动重载,不会直接影响整个应用当前的运行状态。

（5）客户端路由。

Vue-router 是 Vue.js 官方的路由插件,与 Vue 深度集成,用于构建单页面应用。Vue 单页面应用是基于路由和组件的,路由用于设定访问路径,并将路径和组件映射起来,传统的页面通过超链接实现页面的切换和跳转。

（6）状态管理。

状态管理是一个单向的数据流,State(存放的数据状态) 驱动着对 View(视图) 的渲染,用户对 View 操作时会产生 Action(异步操作数据),使 State 产生变化,从而使 View 重新进行渲染,形成一个单独的组件。

2）Vue 的优点

与其他的前端框架相比,Vue 最为轻量化,形成了一套完整的生态系统,可以快速迭代更新。作为前端开发人员的首选入门框架,Vue 有很多优点,具体表现在以下方面。

（1）Vue 可以进行组件化代码开发,使源代码需要编写的数量减少。

（2）Vue 最突出的优势在于对数据进行双向绑定。

（3）使用 Vue 设计出来的网页界面视觉效果是响应式的,这样就使网页在各种设备上都能实时显示。

（4）相较于传统的单个页面通过超链接方式实现多个页面的切换和跳转,Vue 使用的路由器并不会自动刷新整个页面。

3. 渐进式框架

Vue 是渐进式 JavaScript 框架。渐进式框架是把框架进行分层设计,每一层是可以选择的,不同的层也可以灵活地转换为其他方案。渐进式框架给予了开发人员很多灵活性,使他们可以根据不同业务选择不同的 Vue 框架进行开发,也就是说,既可以直接引入 Vue 来做声明式渲染,也可以集成生态圈里的各自插件完成大型应用的开发。渐进式框架如图 1-2 所示。

图 1-2　渐进式框架

Vue 是由声明式渲染→组件系统→客户端路由→大规模状态管理→构建工具由内而外分层构成的。开发人员可以根据具体的需求来使用 Vue 的功能,由简单到高级渐进式地使用。

初级:只用 Vue 做一些页面渲染、表单提交之类的基础操作。

中级:可以进一步通过 Vue 实现组件化开发,代码复用。

高级:还可以更进一步通过 Vue 实现前端路由、状态集中管理,最终实现高度工程化。

4. 响应式系统

Vue 是响应式系统,这也是它最为独特的特性之一,数据模型是普通的 JavaScript 对象。当修改数据模型时,视图进行更新,可以使状态管理变得非常简单直接。避免了烦琐的 Dom 操作,提高了开发的效率。响应式系统原理如图 1-3 所示。

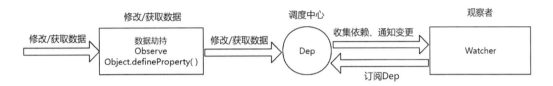

图 1-3　响应式系统原理

Vue 的响应式系统依赖于三个重要的类:Observer 类、Watcher 类、Dep 类。

Observer 作为事件的发布者,作用是通过调用 Object.defineProperty 方法对对象的每一个子属性进行整个数据包的劫持或者监听。

Watcher 作为订阅者或者观察者,作用是为观察属性提供回调函数以及收集依赖,当被观察的值发生变化时,会接收到来自 Dep 的通知,从而触发回调函数。

Dep 作为调度中心或者订阅器,作用是收集观察者 Watcher 和通知观察者目标更新。每个属性拥有自己的消息订阅器 Dep,用于存放所有订阅了该属性的观察者对象,当数据发生改变时,会遍历观察者列表(dep.subs),通知所有的 Watcher 让订阅者执行自己的更新逻辑。Vue.js 响应式系统执行过程如图 1-4 所示。

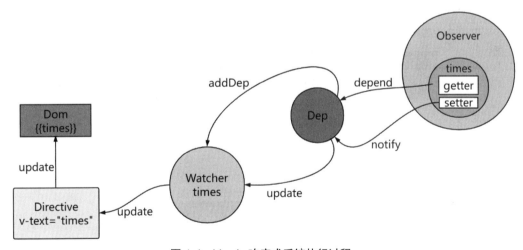

图 1-4　Vue.js 响应式系统执行过程

(1)Vue 初始化数据时,调用 Observer 方法,首先创建一个 Dep 实例对象,Observer 把所有数据转为 getter 和 setter 形式,进行数据劫持。当触发 getter 时,会调用 depend 方法把当前 Dep 的实例添加到当前正在计算的 Watcher 的依赖中(订阅起来);当触发 setter 时,会调用 notify 方法遍历所有的订阅 Watcher,调用它们的 update 方法(发布)。

(2)Directive 定义了 this.update 方法并创建 Watcher。将 Watcher 和 Directive 关联起

来，当指令表达式发生改变时，Watcher 会调用 Directive 的 update 方法，更新 Dom 节点。

（3）通过 Watcher 把上述两部分结合起来，把 Directive 中的数据依赖通过 Watcher 订阅在对应数据的 Observer 的 Dep 上。当数据变化时，就会触发 Observer 的 Dep 上的 notify 方法通知对应 Watcher 的 update，进而触发 Directive 的 update 方法更新 Dom 视图，最后使模型和视图关联起来。

技能点 2　Node.js 简介

如果只是想单纯使用 Vue 做前端开发的辅助插件，那么只需要通过 <script> 引用 Vue.js，就可以实现 Vue 的双向绑定功能；而 Node.js 提供了丰富的 NPM 插件，如果需要使用 Vue 搭建 CLI 的 Vue 脚手架，那么使用 Node.js 可以快速创建出 Vue-CLI 的脚手架。

1.Node.js 基本概念

Node.js 是一个基于 Chrome V8 引擎的 JavaScript 运行环境。Node.js 使用了一个事件驱动、非阻塞式 I/O 的模型。JavaScript 是一种脚本语言，它编写的程序不能独立运行，需要由浏览器中的 JavaScript 引擎来解释执行。而 Node 可以让 JavaScript 运行在服务端的开发平台，使 JavaScript 不再受限于前端网页的开发，它让 JavaScript 成为与 PHP、Python、Perl、Ruby 等服务端语言平级的脚本语言，也可以进行后端程序的开发。Node.js 发布于 2009 年 5 月，由 Ryan Dahl 开发，它实质上是对 Chrome V8 引擎进行了封装。

Node.js 已经集成了 NPM，只要安装了 Node.js，NPM 也就一并安装好了。Node.js 官网（https://nodejs.org）如图 1-5 所示。

图 1-5　Node.js 官网

2.NPM 简介

NPM(Node Package Manager) 是一个分发工具，也是整个 Node.js 社区最为流行、支持第三方模块的包管理器。使用 NPM 可以便捷并且快速地进行 Vue.js 的安装、使用以及升级,还可以对第三方依赖进行管理,并将所有的问题全部交予 NPM 处理,如 Vue 项目所需的第三方库从何处下载或者使用何种版本最为适合。

NPM 是由于 Node.js 的需要而发明的,在之前的版本中,安装 Node.js 与 NPM 需要下载两个安装包,官方人员意识到这样十分烦琐,所以将 NPM 的安装集成到 Node.js 的安装里,现在只要需要安装 Node.js 就可以了。

3. 安装 NPM 与 Node.js

Node.js 有 LTS 和 Curent 两个版本,前者是长期支持版本,比较稳定;后者是最新版本,包含了最新的特性,不过主要是使用绑定在 Node.js 中的 NPM 进行 Vue 的安装和第三方依赖的管理,并不会基于 Node.js 进行开发,使用者可以根据情况选择其中一个版本进行下载。

第一步:本书选择 14.17.4 LTS 版本进行下载,下载后再次双击需要下载的安装文件选择"ndo-v14.17.4-x646"开始安装,单击"Next"按钮,勾选"I accept the terms in the License Agreement"复选框,继续两次单击勾选"Next"按钮,指定下载安装文件位置,连续单击"Next"按钮,最后再次单击勾选"Installts"按钮,完成软件安装下载过程。Node.js 安装程序界面如图 1-6 所示。

图 1-6 Node.js 安装程序界面

第二步:打开命令提示符窗口,执行"node-v"命令,可以看到如图 1-7 所示的界面。

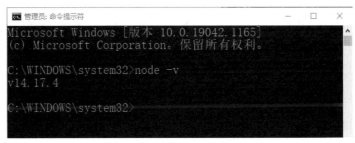

图 1-7 查看 Node.js 的版本

第三步：继续执行"npm-v"命令，可以看到如图 1-8 所示的界面。

图 1-8   查看 NPM 的版本

Node.js 和 NPM 都已经安装成功。如果要使用最新版本的 NPM，可执行以下的命令。

```
npm install npmClatest -g
```

第四步：使用 NPM 来安装 Vue 3.0。执行以下命令，安装 Vue 3.0 的最新稳定版。

```
npm install vue@next// 本地安装
```

NPM 包的安装分为本地安装和全局安装，上述命令执行的就是本地安装，全局安装多加一个"-g"参数，代码如下所示。

```
npm install vue@next-g// 全局安装
```

也可以使用 install 的简写形式 i 来简化命令的输入，代码如下所示。

```
npm i vue@next
```

第五步：创建默认安装目录和缓存日志目录。

例如，将全模块所在路径和缓存路径放在 node.js 安装的文件夹中，则在安装的文件夹【D:\node】下创建两个文件夹【node_global】及【node_cache】分别作为默认安装目录和缓存日志目录，如图 1-9 所示。

名称	修改日期	类型	大小
node_cache	2021/8/16 14:16	文件夹	
node_global	2021/8/16 14:11	文件夹	
node_modules	2021/8/9 9:24	文件夹	
install_tools.bat	2021/7/29 10:13	Windows 批处理...	3 KB
node.exe	2021/7/29 10:30	应用程序	55,546 KB

图 1-9   创建默认安装目录和缓存日志目录

执行命令，将 NPM 的全局模块目录和缓存目录配置到上述创建的两个目录。其中"npm config get prefix"表示查看 NPM 全局安装包保存路径；"npm config get cache"表示查看 NPM 缓存路径，代码如下所示。

```
npm config get prefix "D:\Program Files\nodejs\node_global"
npm config get cache "D:\Program Files\nodejs\node_cache"
```

命令"npm list -global"可以查看全局安装目录，执行之后的效果如图 1-10 所示。

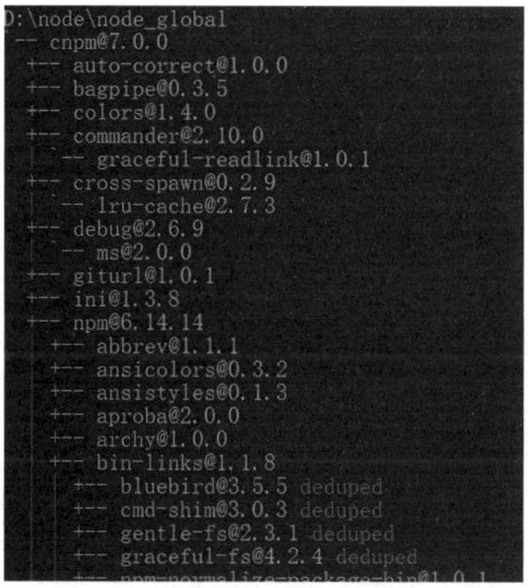

图 1-10　全局安装目录

第六步：配置淘宝镜像源。

将 NPM 的模块下载仓库地址从默认的国外站点改为国内的站点，提高模块下载速度，现在用的都是淘宝镜像源（https://registry.npm.taobao.org），使用淘宝镜像源有以下两种方式。

（1）临时使用。

临时使用的代码，只有在安装 cluster 时才可以使用淘宝镜像下载，并且每次安装模块都需要输入，比较烦琐，代码如下所示。

```
npm --registry https://registry.npm.taobao.org install cluster
```

（2）永久使用。

这里也有两种配置选择，一种是直接修改 NPM 的默认配置，另一种是安装中国 npm 镜像客户端 cnpm。

第一种：直接修改 NPM 的默认配置，代码如下所示。

```
npm config set registry https://registry.npm.taobao.org
```

修改后可以根据"npm config get registry"或"npm config list"命令查看 NPM 下载源是否配置成功，如图 1-11 所示。

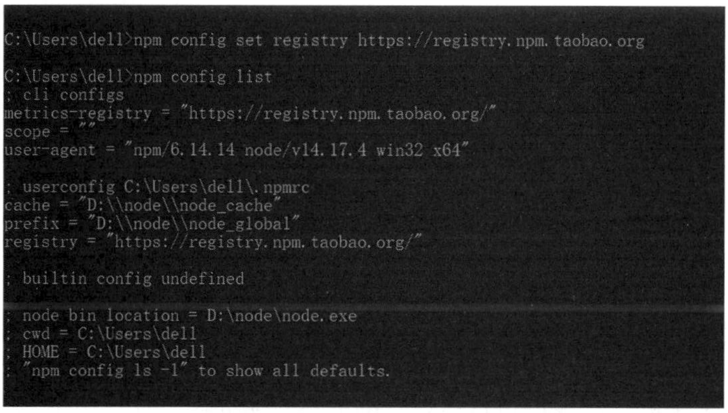

图 1-11　查看 NPM 下载源

第二种：安装"cnpm"命令，代码如下所示。

```
npm install -g cnpm --registry=https://registry.npm.taobao.org
```

验证方式变成了"cnpm config get registry"或"cnpm config list"，如图 1-12 所示

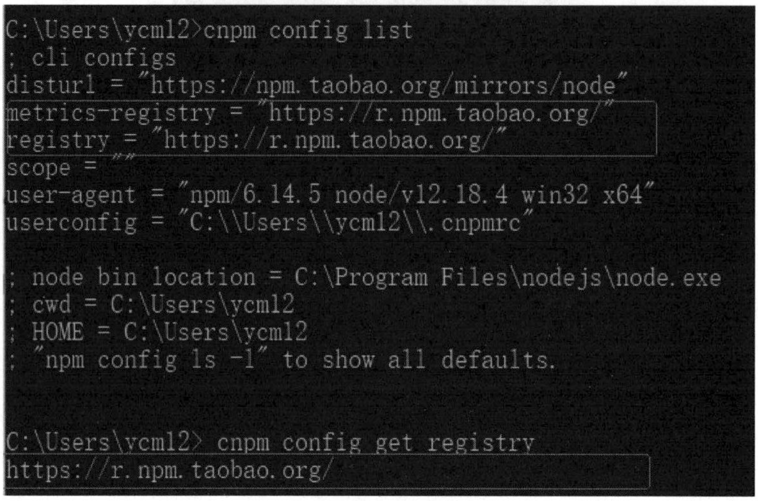

图 1-12 安装"cnpm"命令

技能点 3 Webpack 简介

1. 什么是模块

模块每时每刻都存在，比如，在工程中引入一个日期处理的 NPM 包，或者编写一个提供工具方法的 JS 文件，这些都可以称为模块。

在设计程序结构时，把所有代码都堆到一起是非常糟糕的做法。较好的组织方式是按照特定的功能将其拆分为多个代码段，每个代码段实现一个特定的功能，可以对其进行独立的设计、开发和测试，最终通过接口将它们组合在一起。这就是基本的模块化思想。

如果把程序比作一个城市，这个城市内部有不同的职能部门，如学校、医院、消防局等。程序中的模块就像这些职能部门一样，每一个都有其特定的功能。各个模块协同工作，才能保证程序的正常运转。在日常的工作中也是如此，团队协作往往比单打独斗效果更好，团队协作的本质是共同奉献。向着一个目标努力，才能激发团队的工作动力和奉献精神，不分彼此。在一个团队中，大家只有不断发挥自己的长处，并不断吸取其他成员的优点，遇到问题及时交流，才能让团队的力量发挥得淋漓尽致。

2.Webpack 概述

Webpack 是一个专门用于打包模块化 JavaScript 的工具，在 Webpack 里一切文件皆模块，通过 Loader(转换器) 转换文件，Plugin(扩展器) 注入钩子，最后输出由多个模块组合成的文件。Webpack 专注于构建模块化项目。Webpack 的结构定义如图 1-13 所示。

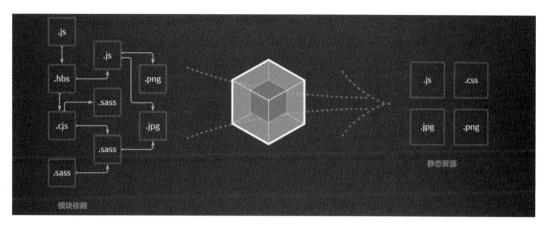

图 1-13　Webpack 的结构定义

一切文件,如".js"".css"".sass"等对于 Webpack 来说都是一个个模块,这样的好处是能清晰地描述各个模块之间的依赖关系,以方便 Webpack 对模块进行组合和打包。经过 Webpack 的处理,系统就会自动输出网页浏览器目前能正常运行使用的所有静态资源。

Webpack 是一个免费开源的 JavaScript 模块打包工具,其核心的功能是解决各个模块之间的相互依赖,把各个小的模块按照特定的工作规则和排列顺序综合组织在一起,最终合并为一个 JS 文件。这个打包过程就叫作模块化打包。

可以把 Webpack 理解为一个模块处理工厂。把源代码交给 Webpack,由它进行加工、拼装处理,并将产出最终的资源文件送往用户。

3.JavaScript 中的模块

在大多数程序语言中(如 C、C++、Java),开发者都可以直接进行模块化开发。工程中的各个模块在经过编译、链接等过程后会被整合成单一的可执行文件并交由系统运行。对于 JavaScript 来说,情况则有所不同。在过去的很长一段时间里,JavaScript 这门语言并没有模块这一概念。如果工程中有多个 JS 文件,只能通过 script 标签将它们一个个插入页面中。

JavaScript 之父——布兰登·艾奇(Brendan Eich)最初设计这门语言时只是将它定位成一个小型的脚本语言,用来实现网页上一些简单的动态特性,远没有考虑到会用它实现这样复杂的场景,模块化当然也就显得多余了。

随着技术的发展,JavaScript 已经不仅仅用来实现简单的表单提交等功能,引入多个 script 文件到页面中逐渐成为一种常态,但这种做法有很多缺点。

(1)需要维护 JavaScript 的加载顺序。页面的多个 script 之间通常会有依赖关系,但由于这种依赖关系是隐式的,除了添加注释以外很难清晰地指明谁依赖了谁,当页面加载的文件过多时就很容易出现问题。

(2)每个 script 标签都需要向服务器请求一次静态资源,建立连接的成本很高,过多的请求还会严重拖慢网页的渲染速度。

(3)在每个 script 标签中,如果没有任何处理而直接在代码中进行函数声明,就很有可能会导致整个代码全局作用域严重的环境污染。

模块化则解决了上述的所有问题。

（1）通过导入和导出语句可以清晰地看到模块间的依赖关系。

（2）模块可以借助工具进行打包，在页面中只需要加载合并后的资源文件。

（3）多个模块之间的作用域是隔离的，彼此不会有命名冲突。

从 2009 年开始，JavaScript 各个社区成员开始对解决模块化问题进行不断的创新尝试，并依次出现了 AMD、CommonJS、CMD 等多种社区解决方案。直到 2015 年，ECMAScript 6.0（ES6）正式定义了 JavaScript 模块标准，使这门语言在诞生了 20 年之后终于拥有了模块这一概念。

ES6 模块标准目前已经得到了大多数浏览器的支持，但在实际应用方面还需要等待一段时间。主要有以下几点原因。

（1）大多数 NPM 模块还是 CommonJS 的形式，浏览器并不支持其语法，因此这些包没有办法直接拿来用。

（2）仍然需要考虑个别浏览器及平台的兼容性问题。

3.Webpack 的优缺点

Webpack 的优点：支持多种模块标准，包括 AMD、CommonJS 以及最新的 ES6 模块，而其他常用工具大多数只能同时支持一种到两种；具有完整的代码分割解决方案，分割打包后的资源，首屏只加载必要的部分，不太重要的功能放到后面动态地加载；可以处理各种类型的资源；拥有庞大的社区支持，有无数开发者为它编写周边插件和工具，绝大多数的需求都可以直接找到解决方案。

Webpack 的缺点是只能用于采用模块化开发的项目。

4. 安装 Webpack 并创建 Vue 项目

使用 Node.js 的包管理器 NPM 来安装 Webpack。安装模块的方式有两种：一种是全局安装，另一种是本地安装。

全局安装 Webpack 的好处是 NPM 会绑定一个命令行环境变量，一次安装后可处处运行；本地安装则会将其添加成为项目中的依赖，只能在项目内部使用。建议使用本地安装的方式，主要有以下两点原因。

第一，如果采用全局安装，那么在与他人进行项目协作时，由于每个人系统中的 Webpack 版本不同，可能会导致输出结果不一致。

第二，部分依赖于 Webpack 的插件会调用项目中 Webpack 的内部模块，这种情况下仍然需要在项目本地安装 Webpack，而如果全局安装和本地安装都有，则容易造成混淆。

基于以上两点，选择在工程内部安装 Webpack 的方式，步骤如下。

第一步：新建一个工程目录，从命令行进入该目录，并执行 NPM 的初始化命令，如图 1-14 所示。

此时会要求输入项目的基本信息，因为这里只是为了生成一个示例，根据提示操作。

第二步：会看到目录中生成了一个"package.json"文件，它相当于 NPM 项目的说明书，里面记录了项目名称、版本、仓库地址等信息。

第三步：执行安装 Webpack 的命令：npm install webpack webpack-cli --save-dev，如图 1-15 所示。

```
C:\Users\dell>d:

D:\>cd D:\webpack

D:\webpack>npm init
This utility will walk you through creating a package.json file.
It only covers the most common items, and tries to guess sensible defaults.

See `npm help init` for definitive documentation on these fields
and exactly what they do.

Use `npm install <pkg>` afterwards to install a package and
save it as a dependency in the package.json file.

Press ^C at any time to quit.
package name: (webpack)
version: (1.0.0)
description:
entry point: (index.js)
test command:
git repository:
keywords:
author:
license: (ISC)
About to write to D:\webpack\package.json:

{
  "name": "webpack",
  "version": "1.0.0",
  "description": "",
  "main": "index.js",
  "scripts": {
    "test": "echo \"Error: no test specified\" && exit 1"
  },
  "author": "",
  "license": "ISC"
}


Is this OK? (yes)
```

图 1-14　执行 NPM 的初始化命令

```
D:\webpack>npm install webpack webpack-cli --save-dev
npm       created a lockfile as package-lock.json. You should commit this file.
npm WARN my@1.0.0 No description
npm WARN my@1.0.0 No repository field.

+ webpack@5.50.0
+ webpack-cli@4.8.0
added 121 packages from 158 contributors and audited 121 packages in 88.775s

17 packages are looking for funding
  run `npm fund` for details

found 0 vulnerabilities
```

图 1-15　执行安装 Webpack 的命令

这里同时安装了 Webpack 和 webpack-cli。Webpack 是核心模块，webpack-cli 则是命令行工具，在本例中两者都是必需的。

第四步：安装结束之后，在命令行执行“npx webpack-v”和“npx webpack-cli-v”命令，可显示各自的版本号，即证明安装成功，如图 1-16 所示。

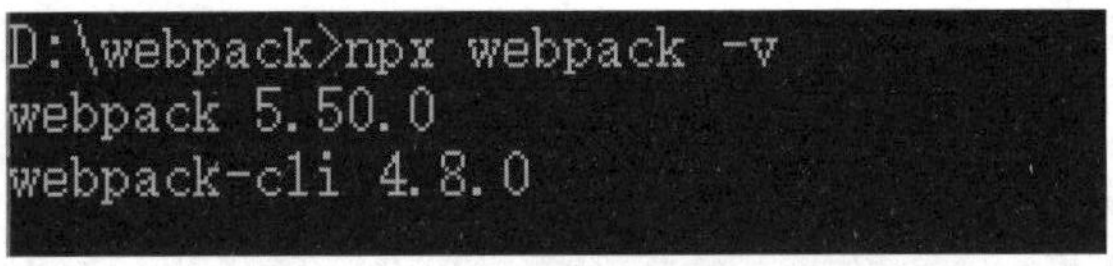

图 1-16　安装成功

第五步：安装所需依赖。依次安装 vue-template-compiler、css-loader、file-loader、style-loader、url-loader、html-webpack-plugin、cross-env，如图 1-17 所示。

npm install vue-template-compiler css-loader file-loader style-loader url-loader html-webpack-plugin cross-env

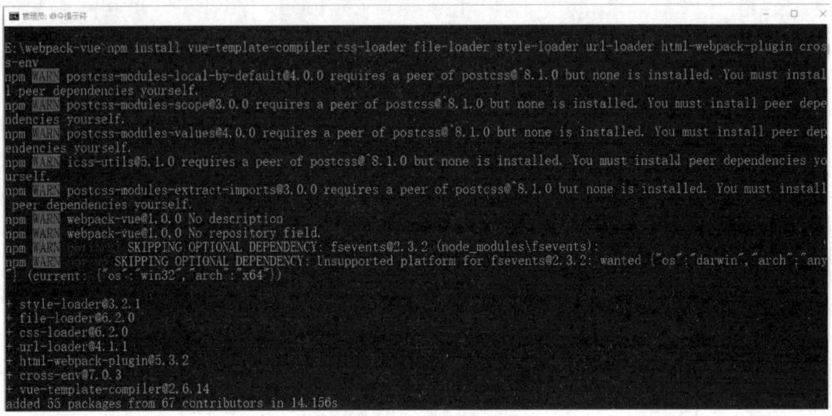

图 1-17　本地配置

安装完成后，package.json 文件如图 1-18 所示。

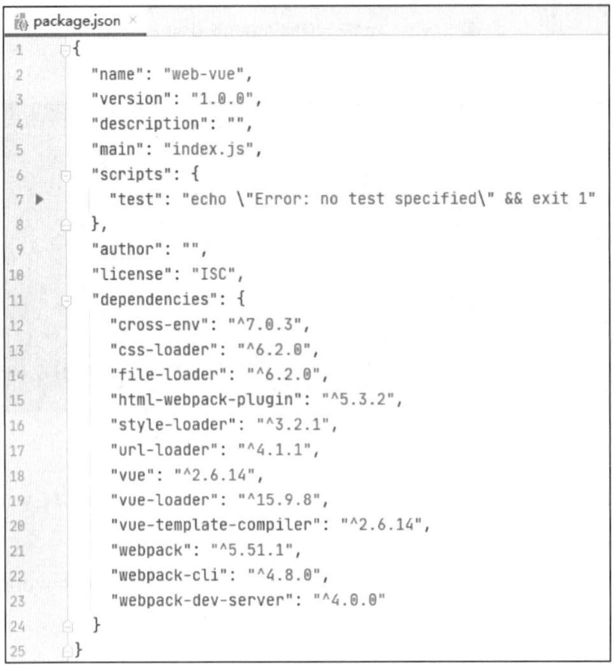

图 1-18　package.json 文件

第六步：在上述安装都完成之后，打开 webstorm 软件，在根目录下建立 src 文件夹，在文件夹下建立 app.vue 和 index.js 文件。

第七步：创建 app.vue 文件，并写入代码，如图 1-19 所示。

```
App.vue ×
1    <template>
2        <div id="text">
3            {{text}}
4        </div>
5    </template>
6
7    <script>
8    export default {
9      data(){
10       return{
11         text:'hello!'
12       }
13     }
14   }
15   </script>
16
17   <style>
18
19   </style>
```

图 1-19　创建 app.vue 文件并写入代码

第八步：创建 index.js 文件，并写入代码，如图 1-20 所示。

```
npm import Vue from 'vue'
import App from './app.vue'

const root = document.createElement('div')
document.body.appendChild(root)

new Vue({
    render: (h) => h(App)
}).$mount(root)
```

```
index.js ×
1    import Vue from 'vue'
2    import App from './app.vue'
3
4    const root = document.createElement('div')
5    document.body.appendChild(root)
6
7    new Vue({
8        render: (h) => h(App)
9    }).$mount(root)
```

图 1-20　创建 index.js 文件并写入代码

第九步：在根目录下新建 Webpack 的配置文件 webpack.config.js。配置入口、出口路径、打包后文件名和 devServer 的相关配置项，如图 1-21 所示。

```
webpack.config.js ×
1     const path=require('path');
2     const HtmlWebpackPlugin=require('html-webpack-plugin');
3
4     const PATHS={
5         app:path.join(__dirname,'app'),
6         build:path.join(__dirname,'build'),
7     };
8
9     module.exports = {
10        entry: {
11            app:PATHS.app,
12        },
13        output: {
14            path:PATHS.build,
15            filename: "[name].js"
16        },
17
18        plugins: [
19            new HtmlWebpackPlugin({
20                title: 'webpack demo',
21            })
22        ]
23    };
```

图 1-21   新建 webpack.config.js

第十步：在 package.json 文件中增加 scripts，如图 1-22 所示。

```
"dev": "cross-env NODE_ENV=development webpack-dev-server --config webpack.config.js",
"build": "cross-env NODE_ENV=production webpack --config webpack.config.js"
```

```
package.json ×
1     {
2       "name": "web-vue",
3       "version": "1.0.0",
4       "description": "",
5       "main": "index.js",
6       "scripts": {
7         "test": "echo \"Error: no test specified\" && exit 1",
8         "dev": "cross-env NODE_ENV=development webpack-dev-server --config webpack.config.js",
9         "build": "cross-env NODE_ENV=production webpack --config webpack.config.js"
10      },
11      "author": "",
12      "license": "ISC",
13      "dependencies": {
14        "cross-env": "^7.0.3",
15        "css-loader": "^6.2.0",
16        "file-loader": "^6.2.0",
17        "html-webpack-plugin": "^5.3.2",
18        "style-loader": "^3.2.1",
19        "url-loader": "^4.1.1",
20        "vue": "^2.6.14",
21        "vue-loader": "^15.9.8",
22        "vue-template-compiler": "^2.6.14",
23        "webpack": "^5.51.1",
24        "webpack-cli": "^4.8.0",
25        "webpack-dev-server": "^4.0.0"
26      }
27    }
```

图 1-22   配置 package.js

第十一步：在命令提示符中输入"npm run dev"代码，启动项目，如图 1-23 示。

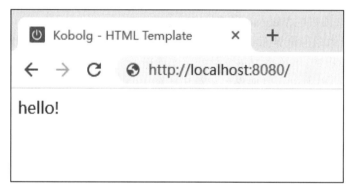

图 1-23　启动项目

项目运行后页面如图 1-24 所示。

图 1-24　项目运行后页面

技能点 4　Vue CLI

1.Vue CLI 简介

1）Vue CLI 概念

Vue CLI 是一个基于 Vue.js 进行快速开发的完整系统，它提供了通过 @vue/cli 实现的交互式的项目脚手架、通过 @vue/cli + @vue/cli-service-global 实现的零配置原型开发和一个运行时依赖（@vue/cli-service）。

Vue CLI 致力于将 Vue 生态中的工具基础标准化。它确保了各种构建工具能够基于智能的默认配置，这样可以让使用者专注在撰写应用上，而不必花时间去纠结配置的问题。与此同时，它也为每个工具提供了调整配置的灵活性。Vue CLI 的 logo 如图 1-25 所示。

图 1-25   Vue CLI 的 logo

2）Vue CLI 的特点

（1）功能丰富：对 Babel、TypeScript、ESLint、PostCSS、PWA、单元测试和 End-to-end 测试提供开箱即用的支持。

（2）易于扩展：它的插件系统可以根据常见需求构建和共享可复用的解决方案。

（3）无须 yarn eject 弹出相关的配置：Vue CLI 完全是可配置的，可以在创建项目后随时安全地检查和调整项目的 Webpack 配置。

（4）CLI 之上的图形化界面：通过配套的图形化界面创建、开发和管理项目。

（5）即刻创建原型：用单个 Vue 文件即可实践新的灵感。

（6）面向未来：为现代浏览器轻松产出原生的 ES2015 代码，将 Vue 组件构建为原生的 Web Components 组件。

2.Vue CLI 的组件

1）CLI

CLI（@vue/cli）是一个全局安装的 NPM 包，提供了终端里的 Vue 命令。它可以通过 vue create 快速搭建一个新项目，或者直接通过 vue serve 构建新想法的原型；也可以通过 Vue UI 图形化界面管理所有项目。

2）CLI 服务

CLI 服务（@vue/cli-service）是一个开发环境依赖。它是一个 NPM 包，局部安装在每个 @vue/cli 创建的项目中。

CLI 服务是构建于 Webpack 和 webpack-dev-server 之上的。它包含以下功能。

（1）加载其他 CLI 插件的核心服务。

（2）一个针对绝大部分应用优化过的 Webpack 配置。

（3）提供项目内部的 vue-cli-service 命令，还提供 serve、build 和 inspect 命令。

3）CLI 插件

CLI 插件是向 Vue 项目提供可选功能的 NPM 包，如 Babel/TypeScript 转译、ESLint 集成、单元测试和 End-to-end 测试等。Vue CLI 插件的名字以 @vue/cli-plugin（内建插件）或 vue-cli-plugin（社区插件）开头，非常容易使用。

当在项目内部运行 vue-cli-service 命令时，它会自动解析并加载 package.json 中列出的所有 CLI 插件。

3.Vue CLI 的安装

（1）使用以下命令安装 Vue CLI。

```
npm install-g    @vue/cli
# 或者
yarn global add    @vue/cli
```

Vue CLI 在 Vue 项目开发中基本是必需的,因此要采用全局安装。安装完成之后,可以使用下面的命令检查版本是否正确,同时验证 Vue CLI 是否安装成功,如图 1-26 所示。

```
vue --version
```

图 1-26　检查 Vue CLI 版本

（2）通过 vue create< 项目名 > 命令,以命令行方式创建一个项目, vue create 命令有一些可选项,可以输入"vue create -help"查看这些选项。具体的选项说明如下。

```
-p, --preset <presetName>          // 忽略提示符并使用已保存的或远程的预设选项
-d, --default                      // 忽略提示符并使用默认预设选项
-i, --inlinePreset <json>          // 忽略提示符并使用内联的 JSON 字符串预设选项
-m, --packageManager <command>     // 在安装依赖时使用指定的 npm 客户端
-r, --registry <url>               // 在安装依赖时使用指定的 npm registry
-g, --git [message]                // 强制 git 初始化,并指定初始化提交信息 ( 可选的 )
-n, --no-git                       // 跳过 git 初始化
-f, --force                        // 如果目标目录存在,则覆写它
-f,--merge                         // 如果目标目录存在,则合并它
-c, --clone                        // 使用 gitclone 获取远程预设选项
-x, --proxy <proxyUrl>             // 使用指定的代理创建项目
-b, --bare                         // 创建脚手架项目时省略新手指导信息
--skipGetStarted                   // 跳过显示 Get Started 说明
```

输入 vue create< 项目名 > 命令后,会出现 preset(预设) 的三个选项:

① Default([Vue 2] bable, eslint):不适用于本书,因为该选项针对的是 Vue 2.x 版本。

② Default(Vue 3)([Vue 3] bable, eslint):是默认设置,适合快速创建项目的原型。

③ Manually select features:表示需要手动对项目进行配置。其中手动配置项目的各个选项说明如表 1-1 所示。

表 1-1   手动配置项目中各选项

选项	说明
Choose Vue version	选择 Vue 的版本
Babel	转码器,用于将 ES6 代码转为 ES5 代码,从而在现有环境下执行
TypeScript	TypeScript 是 JavaScript 的一个超集,主要提供了类型系统和对 ES6 的支持。TypeScript 是由微软开发的开源编程语言,它可以编译成纯 JavaScript,编译出来的 JavaScript 可以运行在任何浏览器上
Progressive Web App (PWA) Support	支持渐进式 Web 应用程序
Router	Vue-router
Vuex	Vue 的状态管理
CSS Pre-processors	CSS 预处理器(如 Less、Sass)
Linter / Formatter	代码风格检查和格式校验(如 ESLint)
Unit Testing	单元测试
E2E Testing	端到端测试

选择"Manually select features",将配置代码格式和校验选项,出现以下四个选项:

①"ESLint with error prevention only":选项是指 ESLint 仅用于错误预防。

②"ESLint+Airbnb config":ESLint 是用于代码校验的,编码规则为 Airbnb config。

③"ESLint+Standard config":编码规则为 Standard config(标准配置)。

④"ESLint+Prettier":编码规则为 Prettier 配置。

(3)使用图形界面创建项目:在命令提示符窗口中输入 Vue UI,会在浏览器窗口中打开 Vue 项目的图形界面管理程序。在这个管理程序中可以创建新项目、管理项目、配置插件和项目依赖、对项目进行基础设置以及执行任务。通过图形界面创建新项目如图 1-27 所示。

(4)Vue CLI 项目结构。

图 1-27   通过图形界面创建新项目

Vue CLI 生成的项目的目录结构及各文件夹和文件的用途说明如下。

```
|--node modules        // 项目依赖的模块
|--public              // 该目录下的文件不会被 Webpack 编译压缩处理,引用的第三方库的 js
// 文件可以放在这里
|   |--favicon. ico        // 图标文件
```

```
|   |--index. html                  // 项目的主页面
|--src                              // 项目代码的主目录
|   |--assets                       // 存放项目中的静态资源,如 css、图片等
|      |--logo. png                 //logo 图片
|   |--components                   // 编写的组件放在这个目录下
|      |--HelloWorld. vue           //Vue CLI 创建的 HelloWorld 组件
|   |--App. vue                     // 项目的根组件
|   |--main.js                      // 程序入口 js 文件,加载各种公共组件和所需要用到的插件
|--.browserslistrc                  // 配置项目目标浏览器的范围
|--.eslintrc.js                     //ESLint 使用的配置文件
|--.gitignore                       // 配置在 git 提交项目代码时忽略哪些文件或文件夹
|--babel. config.js                 //Babel 使用的配置文件
|--package.json                     //npm 的配置文件,其中设定了脚本和项目依赖的库
|--package-lock.json                // 用于锁定项目实际安装的各个 npm 包的具体来源和版本号
|--README. md                       // 项目说明文件
```

　　App.vue 是一个典型的单文件组件,在一个文件中包含了组件代码、模板代码和 CSS 样式规则。在这个组件中引入了 HelloWorld 组件,然后在 <template> 元素中使用它。使用 export 语句将 App 组件作为模块的默认值导出。

　　App 组件是项目的主组件,可以替换它,也可以保留它。如果保留,就是修改代码中的导入语句,将其替换为导入的组件即可,示例如代码 1-1 所示。

代码 1-1: App.vue

```
<template>
  <img alt="Vue logo" src="./assets/logo.png">
  <HelloWorld msg="Welcome to Your Vue.js App"/>
</template>

<script>
import HelloWorld from './components/HelloWorld.vue'

export default {
  name: 'App',
  components: {
    HelloWorld
  }
};
</script>
```

```
<style>
#app {
    font-family: Avenir, Helvetica, Arial, sans-serif;
    -webkit-font-smoothing: antialiased;
    -moz-osx-font-smoothing: grayscale;
    text-align: center;
    color: #2c3e50;
    margin-top: 60px;
}
</style>
```

    main.js 是程序入口 JavaScript 文件,该文件主要用于加载各种公共组件和项目需要用到的各种插件,并创建 Vue 的根实例。

    在该文件中,使用 import 语句按需导入 createApp,其不同于在 HTML 文件中的引用方式,示例如代码 1-2 所示。

代码 1-2: main.js

```
import { createApp } from 'vue'
import App from './App.vue'
createApp(App).mount('#app')
```

使用 Vue CLI 创建 Vue 项目

    第一步:选择项目存放的目录,打开命令提示符窗口,输入"vue create bookstore",开始创建一个 bookstore 项目,需要注意的是项目名中不能有大写字母,如图 1-28 所示。

```
D:\node>vue create  bookstore
```

图 1-28   开始创建项目

    第二步:先选择一个 preset(预设),按方向键" ↓ "可以选择第 3 项,然后按"Enter"键,如图 1-29 所示。

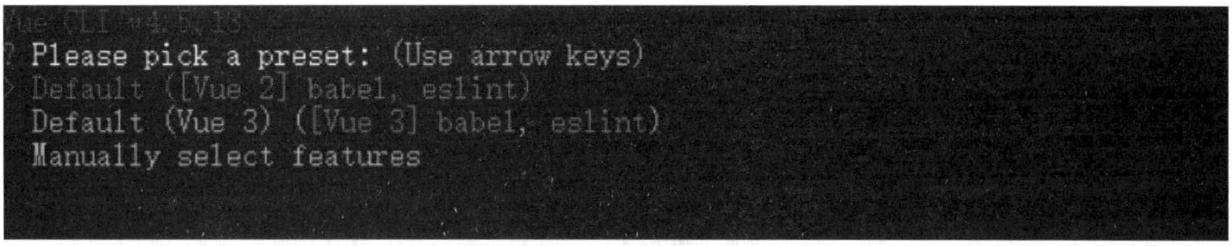

```
Vue CLI v4.5.13
? Please pick a preset: (Use arrow keys)
> Default ([Vue 2] babel, eslint)
  Default (Vue 3) ([Vue 3] babel, eslint)
  Manually select features
```

图 1-29　选择预设

第三步：出现项目的配置选项，保持默认的 Choose Vue version、Babel 和 Linter/Formatter 为选中状态，按"Enter"键，如图 1-30 所示。

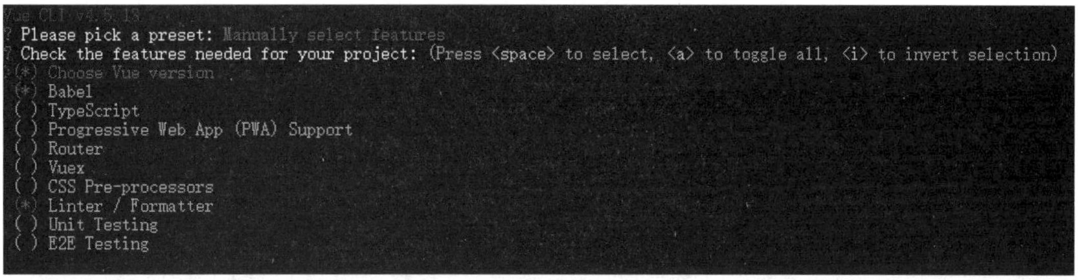

```
Vue CLI v4.5.13
? Please pick a preset: Manually select features
? Check the features needed for your project: (Press <space> to select, <a> to toggle all, <i> to invert selection)
>(*) Choose Vue version
 (*) Babel
 ( ) TypeScript
 ( ) Progressive Web App (PWA) Support
 ( ) Router
 ( ) Vuex
 ( ) CSS Pre-processors
 (*) Linter / Formatter
 ( ) Unit Testing
 ( ) E2E Testing
```

图 1-30　选择项目配置选项

第四步：根据选择的功能提示选择具体的功能包，或者进一步配置，按"↓"键，选中 3.x (Preview)，然后按"Enter"键，如图 1-31 所示。

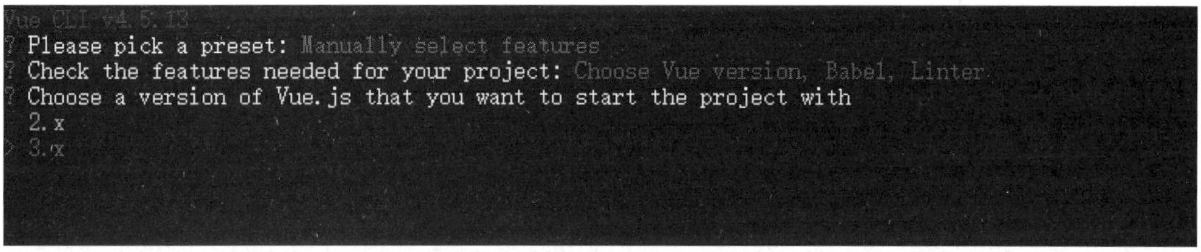

```
Vue CLI v4.5.13
? Please pick a preset: Manually select features
? Check the features needed for your project: Choose Vue version, Babel, Linter
? Choose a version of Vue.js that you want to start the project with
  2.x
> 3.x
```

图 1-31　选择 Vue 的版本

第五步：开始配置代码格式和校验选项，保持默认选择，即第 1 选项"ESLint with error prevention only"，如图 1-32 所示。

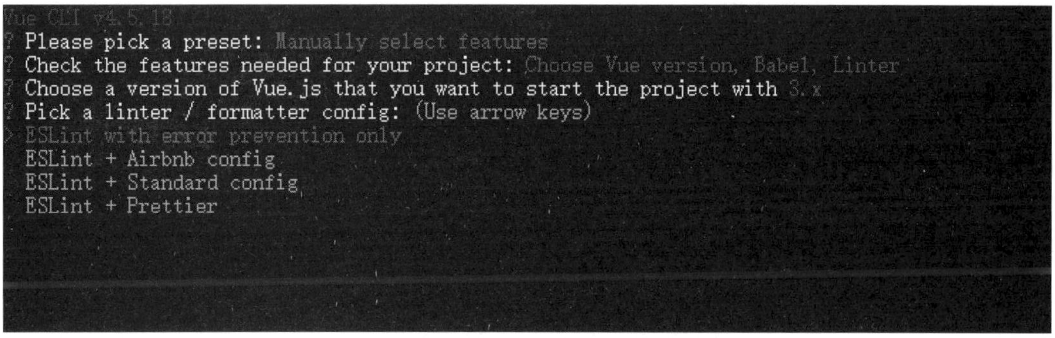

```
Vue CLI v4.5.13
? Please pick a preset: Manually select features
? Check the features needed for your project: Choose Vue version, Babel, Linter
? Choose a version of Vue.js that you want to start the project with 3.x
? Pick a linter / formatter config: (Use arrow keys)
> ESLint with error prevention only
  ESLint + Airbnb config
  ESLint + Standard config
  ESLint + Prettier
```

图 1-32　对 Linter / Formatter 功能的进一步配置

第六步：选择何时检测代码，选择第 1 个选项"保存检测"，如图 1-33 所示。

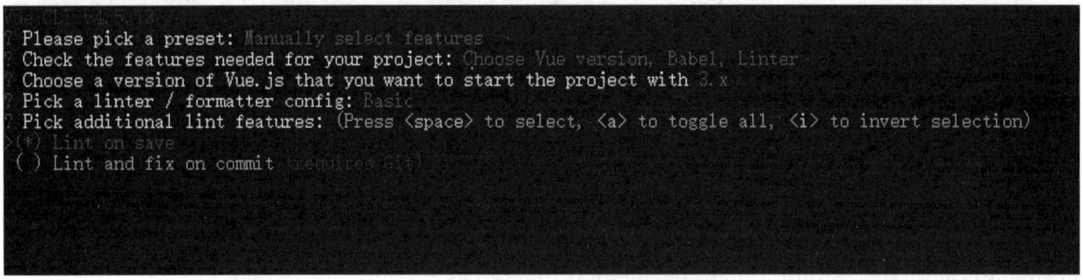

图 1-33　选择何时检测代码

第七步：选择如何存放配置信息。选择第 1 个选项并按"Enter"键，如图 1-34 所示。

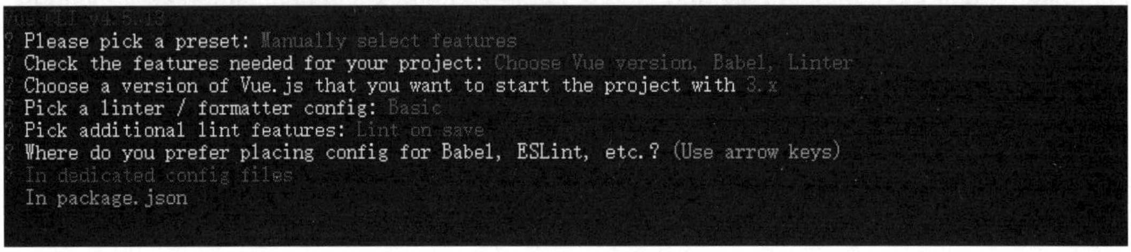

图 1-34　选择如何存放配置信息

第八步：询问是否保存本次配置，保存的配置可以供以后项目使用，输入"y"并按 "Enter"键。如图 1-35 所示。

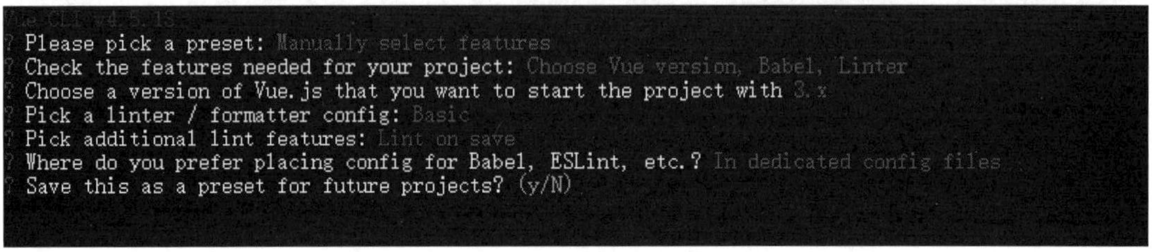

图 1-35　询句是否保存本次配置

第九步：根据提示在命令提示符窗口中依次输入"cd bookstore"和"npm run serve"（运行项目）。运行结果如图 1-36 所示。

图 1-36　运行结果

第十步：在 webstorm 中打开刚刚创建的 Vue 项目，如图 1-37 所示。

图 1-37　在 Webstorm 中打开 Vue 项目

第十一步：打开"add configuration"选项，在弹出的对话框中选中左上角"+"下的"npm"，如图 1-38 所示。

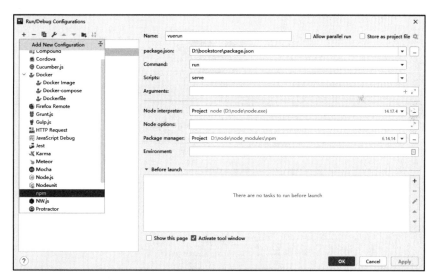

图 1-38　选择 npm

第十二步：配置选项。"Name"——输入"vuerun"，"package.json"——单击右边的下拉箭头，选中唯一的选项即可，"Scripts"——单击右边的下拉箭头，选中"serve"，如图 1-39 所示。

图 1-39　配置选项

第十三步：单击运行，打开 Chrome 浏览器，输入 http://localhost:8080/ 即可看到这个脚手架项目的默认页面，如图 1-40 所示。

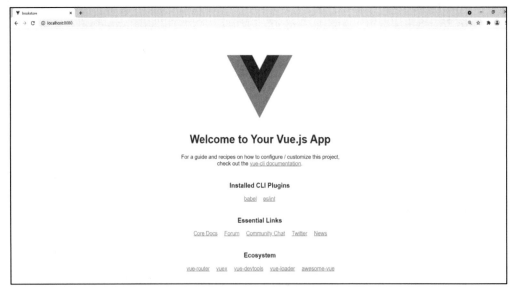

图 1-40　项目的默认页面

本次任务讲解了如何使用 Vue CLI 安装及搭建项目，为下一阶段的学习打下坚固的基

础。通过对本次任务的学习，加深了对 Vue 的理解，掌握了基本的 Vue 及 Vue CLI 技术。

reactivity system	响应式系统
component	组件
fragmen	碎片
suspense	悬念
preset	预设

一、选择题

1. 下列关于 Vue 的优势的说法错误的是（　　　）。

A. 双向数据绑定　　　　　　　　　　　　B. 轻量级框架

C. 增加代码的耦合度　　　　　　　　　　D. 实现组件化

2. NPM 包管理器是基于（　　　）平台使用的。

A. Node.js　　　　　　B. Vue　　　　　　C. Babel　　　　　　D. Angular

3. 下列选项中，用来安装 Vue 模块的正确命令是（　　　）。

A. npm install vue　　　　　　　　　　　B. node.js install vue

C. node install vue　　　　　　　　　　 D. npm I vue

4. 下列不属于 Vue 开发所需工具的是（　　　）。

A. Chrome 浏览器　　　　　　　　　　　B. VS Code 编辑器

C. vue-devtools　　　　　　　　　　　　D. 微信开发者工具

5. 下列关于 Webpack 说法不正确的是（　　　）。

A. Webpack 默认支持多种模块标准

B. Webpack 有部分的代码分割 (code splitting) 解决方案

C. Webpack 可以处理各种类型的资源

D. Webpack 拥有庞大的社区支持

二、简答题

1. Vue 的优点有哪些？

2. Vue CLI 的特点有哪些？

项目二　书籍商城菜单栏实现

通过学习 Vue 的基础特性，了解 Vue 的生命周期，了解和掌握如何创建 Vue 实例，掌握不同 Vue 指令的编写，具有运用所学的相关知识编写书籍商城首页菜单的能力，在任务实现过程中：

● 了解 Vue 的生命周期；
● 掌握 Vue 实例的创建；
● 掌握 Vue 内置指令的使用；
● 掌握 Vue 自定义指令的使用。

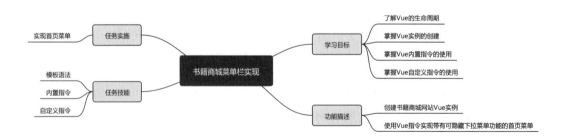

【情景导入】

Vue 是一套用于构建用户界面的渐进式框架,与其他大型框架不同的是,Vue 被设计为可以自下向上逐层应用。一方面,Vue 的核心库只关注视图层,不仅易于上手,还便于与第三方库或既有项目整合。另一方面,当与现代化的工具链以及各种支持类库结合使用时,Vue 也完全能够为复杂的单页应用提供驱动。

【功能描述】

● 创建书籍商城网站 Vue 实例。
● 使用 Vue 指令实现带有可隐藏下拉菜单功能的首页菜单。

技能点 1　模板语法

Vue 采用了基于 HTML 的模板语法,它允许开发者声明式地将 DOM 绑定至底层组件实例的数据上,所有 Vue 的模板都是符合 HTML 语法的,所以能被遵循规范的浏览器和 HTML 解析器解析。在底层实现上,Vue 将模板编译成虚拟 DOM 并渲染函数。结合响应性系统,Vue 能够有效计算出需要重新渲染的组件的最小值,从而把对 DOM 的操作次数降至最低。

1.Vue 实例

在 Vue.js 3.x 版本中,需要通过 createApp() 函数来创建一个新的 Vue 应用实例,该应用实例会提供应用程序上下文,实例装载的整个组件树将共享相同的上下文,代码如下所示。

```
const app = Vue.createApp({
  /* 选项 */
})
```

createApp() 方法是全局 API（Application Programming Interface，应用程序接口），它将接收的一个根组件选项对象作为参数，该对象可以包含数据、方法、组件、生命周期钩子等，createApp() 方法返回应用程序实例本身。

实例创建完成后，需要通过调用它的 mount() 方法来指定一个 DOM 元素，在该 DOM 元素上装载 Vue 实例的根组件，代码如下所示。

```
<div id="app"></div>
<script src="https://unpkg.com/vue@next"></script>
<script>
    const App = {
      /* 选项 */
    };
    const app = Vue.createApp(App);
    const vm = app.mount('#app');
</script>
```

这样该 DOM 元素中的所有数据变化都会被 Vue 框架所监控，从而实现数据的双向绑定。当应用被挂载后，根组件就是程序渲染的起点。

2. 组件实例选项

组件中可设置的选项有 data、methods、props、computed、inject 和 setup 等，这些定义的选项皆可在组件的模板中进行访问，其中最基础的选项是 data 数据以及 methods 方法。

1）data 选项

在 data 选项中可以定义数据，这些数据可以在实例对应的模板中进行绑定并使用。data 选项本质是一个函数。Vue 在创建组件实例时会调用该函数，它返回一个数据对象，Vue 会将这个对象转换为一个代理对象 $data 加入到响应式系统中。该代理对象使 Vue 能够在访问或修改属性时，执行依赖项跟踪和更改通知，从而重新渲染 DOM，data 选项中每一个数据属性都被视为一个依赖项。它的使用方法如以下代码所示。

```
const app = Vue.createApp({
  data() {
    return { count: 4 }
  }
})

const vm = app.mount('#app')

console.log(vm.$data.count) // => 4
console.log(vm.count)        // => 4

// 修改 vm.count 的值也会更新 $data.count
vm.count = 5
```

```
console.log(vm.$data.count) // => 5

// 修改 $data.count 的值也会更新 vm.count
vm.$data.count = 6
console.log(vm.count) // => 6
```

这些数据属性仅在实例首次被创建时添加,可以对尚未提供所需值的数据使用 null、undefined 或其他占位的值。实例创建完成后,可以直接将不包含在 data 中的新数据属性添加到组件实例中,但由于该数据不在响应式的 $data 代理对象内,所以 Vue 的响应性系统不会自动跟踪它。

2)method 选项

在 method 选项中可以定义方法,并直接通过组件实例访问这些方法,或者在指令表达式中使用这些方法,方法中的 this 自动绑定为组件实例。它的使用方法如以下代码所示。

```
const app = Vue.createApp({
  data() {
    return { count: 4 }
  },
  methods: {
    increment() {
      // `this` 指向该组件实例
      this.count++
    }
  }
})

const vm = app.mount('#app')

console.log(vm.count) // => 4

vm.increment()

console.log(vm.count) // => 5
```

需要注意的是,不要使用箭头函数来定义 method 函数 (如 plus: () => this.a++)。这是因为箭头函数绑定了父级作用域的上下文,所以 this 将不会按照期望指向组件实例,this.a 将是 undefined。

3.Vue 生命周期

每个组件在被创建时都要经过一系列的初始化过程,如需要设置数据监听、编译模板、将实例挂载到 DOM 并在数据变化时更新 DOM 等。同时在这个过程中也会运行一些叫作生命周期钩子的函数,这给了开发者在不同阶段添加代码的机会。

比如 created 钩子函数可以用来在一个实例被创建之后执行代码,代码如下所示。

```
Vue.createApp({
  data() {
    return { count: 1}
  },
  created() {
    // `this` 指向 vm 实例
    console.log('count is: ' + this.count) // => "count is: 1"
  }
})
```

也有一些其他的生命周期钩子函数,在实例生命周期的不同阶段被调用,如 mounted、updated 和 unmounted。生命周期钩子函数的 this 上下文指向调用它的当前活动实例。Vue 的生命周期如图 2-1 所示。

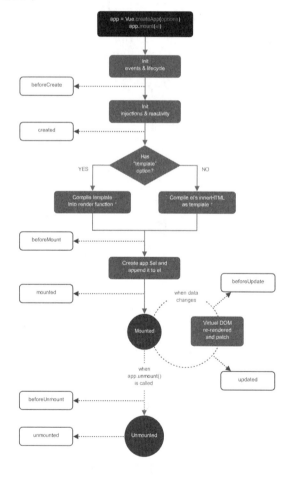

图 2-1　Vue 的生命周期

4. 插值

Vue 中数据绑定最常见的形式就是使用"Mustache"语法（"{{　}}"双大括号）的文本插值，页面渲染时，Mustache 标签将会被替代为对应组件实例中 message 属性的值。无论何时，组件实例上绑定的 message 值发生变化，插值处的内容都会随之更新。Mustache 标签示例如代码 2-1 所示。

代码 2-1 Demo1.html

```html
<!DOCTYPE html>
<html lang="en">
<head>
    <meta charset="UTF-8">
    <title>Demo1</title>
</head>
<body>
<div id="app">
    <!-- 文本插值 -->
    <p>{{message}}</p>
</div>
<script src="https://unpkg.com/vue@next"></script>
<script>
    const App = {
        data(){
            return {
                message: " 爱国就是要维护国家的绵延生息和星火传承 ",
            }
        }
    };
    const vm = Vue.createApp(App).mount('#app');
</script>
</body>
</html>
```

使用浏览器打开代码 2-1，浏览器显示效果如图 2-2 所示。

图 2-2　Demo1.html 运行效果

打开浏览器开发者工具,切换到控制台(console)窗口,在其中输入语句"vm.message ='Hello Vue'",可以看到浏览器中插值位置随之重新渲染,如图 2-3 所示。

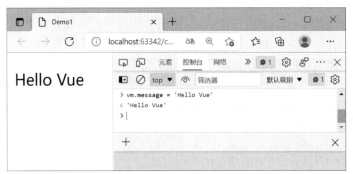

图 2-3　改变 message 值

技能点 2　内置指令

Vue 对于一些常用的页面功能进行了指令封装,这些指令可以以 HTML 元素属性的方式使用,最常使用的指令有如下几种。

1.v-text 指令

v-text 指令的作用是:更新元素的文本内容。v-text 指令的使用方法如代码 2-2 所示。

代码 2-2 v-text.html

```html
<!DOCTYPE html>
<html>
<head>
  <meta charset="UTF-8">
  <title>v-text</title>
</head>
<body>
<div id="app">
  <span v-text="message"></span>
</div>
<script src="https://unpkg.com/vue@next"></script>
<script>
  const vm = Vue.createApp({
    data() {
      return {
        message: ' 青年成长道路千万条,爱国大义第一条 '
```

```
    }
  }
}).mount('#app');
</script>
</body>
</html>
```

使用浏览器打开代码 2-2，浏览器显示效果如图 2-4 所示。

图 2-4　v-text 示例

2.v-html 指令

v-html 指令的作用是：更新元素的 innerHTML，更新的内容会以普通 HTML 的形式插入，而不会被当成 Vue 模板进行编译。v-html 指令的使用方法如代码 2-3 所示。

代码 2-3 v-html.html

```
<!DOCTYPE html>
<html>
<head>
    <meta charset="UTF-8">
    <title>v-html</title>
</head>
<body>
<div id="app">
    <div v-html="html"></div>
</div>
<script src="https://unpkg.com/vue@next"></script>
<script>
    const vm = Vue.createApp({
        data() {
            return {
                html: "<h1> 此时的青春是奋斗,以后的青春是回忆 </h1>"
            }
```

```
        }
    }).mount('#app');
</script>
</body>
</html>
```

使用浏览器打开代码 2-3，浏览器显示效果如图 2-5 所示。

图 2-5　v-html 示例

3.v-show 指令

v-show 指令的作用是：根据指令中表达式的真假，来控制指令标签中内容的显示或隐藏。v-show 指令的使用示例如代码 2-4 所示。

代码 2-4 v-show.html

```
<!DOCTYPE html>
<html lang="en">
<head>
    <meta charset="UTF-8">
    <title>v-show</title>
</head>
<body>
<div id="app">
    <h1 v-show="boolean1">Ture</h1>
    <h1 v-show="boolean2">False</h1>
    <h1 v-show="number >= 100">Number: {{ number }}</h1>
    <h1 v-show="char.indexOf(' 战场 ') >= 0">Character: {{ char }}</h1>
</div>
<script src="https://unpkg.com/vue@next"></script>
<script>
    const vm = Vue.createApp({
        data() {
            return {
```

```
                boolean1: true,
                boolean2: false,
                number: 996,
                char: ' 不同的是战场,不变的是国情 '
            }
        }
    }).mount('#app');
</script>
</body>
</html>
```

使用浏览器打开代码 2-4,显示效果如图 2-6 所示,从中可以看出,内容为 False 的标签因其中 v-show 指令的值为 false,所以并没有显示出来,而其他条件判断语句的结果都为 ture,所以都显示正常。

打开浏览器的开发者工具,选择元素(elements)窗口,从中可以看到值为 false 的标签在渲染时通过添加 CSS 样式被隐藏了起来。

图 2-6　v-show 示例

切换到控制台(console)窗口,在其中输入语句"vm.number = 7"来改变 number 的属性值,浏览器显示效果如图 2-7 所示。

图 2-7　改变 number 值

可以看到,在判断语句值变为 false 后,该标签同样通过添加 CSS 样式隐藏了起来。

4.v-bind 指令

v-bind 指令的作用是:用于响应式地更新 HTML 属性,将一个组件 prop、一个或多个属性动态地绑定到表达式中。v-bind 指令可以接收一个参数,在指令名称之后以冒号表示。例如使用 v-bind 指令响应式地更新 href 参数,语法如以下代码所示。

```
<a v-bind:href="url"> ... </a>
```

在这里 href 是参数,用于告知 v-bind 指令将该元素的 href 参数与表达式 url 的值绑定。v-bind 指令的使用示例如代码 2-5 所示。

代码 2-5 v-bind.html

```
<!DOCTYPE html>
<html>
<head>
  <meta charset="UTF-8">
  <title>v-bind</title>
</head>
<body>
<div id="app">
  <p>
    <!-- 绑定一个属性 -->
    <input v-bind:value="headline">
  </p>
  <p>
    <!-- 简写语法省略":"前的 v-bind 语句 -->
    <input :placeholder="shorthand">
  </p>
<script src="https://unpkg.com/vue@next"></script>
<script>
const vm = Vue.createApp({
    data() {
      return {
        headline: ' 灾难面前没有谁能置身事外 ',
        shorthand : ' 从不存在一个人的桃花源 ',
      }
    }
  }).mount('#app');
</script>
</body>
</html>
```

使用浏览器打开代码 2-5，浏览器显示效果如图 2-8 所示，可以看到 headline 与 shorthand 都绑定到了两个 <input> 元素的 value 属性中。

图 2-8 v-bind 示例

v-bind 指令在 Vue 中的其他用法如以下代码所示。

```
<!-- 绑定 attribute -->
<img v-bind:src="imageSrc" />

<!-- 动态 attribute 名 -->
<button v-bind:[key]="value"></button>

<!-- 缩写 -->
<img :src="imageSrc" />

  <!-- 动态 attribute 名缩写 -->
<button :[key]="value"></button>

<!-- 内联字符串拼接 -->
<img :src="'/path/to/images/' + fileName" />
<!-- class 绑定 -->
<div :class="{ red: isRed }"></div>
<div :class="[classA, classB]"></div>
<div :class="[classA, { classB: isB, classC: isC }]"></div>

<!-- style 绑定 -->
<div :style="{ fontSize: size + 'px' }"></div>
<div :style="[styleObjectA, styleObjectB]"></div>

<!-- 绑定一个全是 attribute 的对象 -->
```

```
<div v-bind="{ id: someProp, 'other-attr': otherProp }"></div>

<!-- prop 绑定。"prop" 必须在 my-component 声明 -->
<my-component :prop="someThing"></my-component>

<!-- 将父组件的 props 一起传给子组件 -->
<child-component v-bind="$props"></child-component>

<!-- XLink -->
<svg><a :xlink:special="foo"></a></svg>
```

在绑定 class 或 style 时，支持其他类型的值，如数组或对象。在绑定 prop 时，prop 必须在子组件中声明。可以用修饰符指定不同的绑定类型。没有参数时，可以绑定一个包含键值对的对象，此时 class 和 style 绑定不支持数组和对象。

5. 条件判断指令

Vue 中提供了 v-if、v-else 和 v-else-if 三个指令来实现条件判断。

1）v-if 指令

v-if 指令的作用是：根据指令中表达式的真假，来生成或删除该标签及其内容，v-if 指令的使用示例如代码 2-6 所示。

代码 2-6 v-if.html

```html
<!DOCTYPE html>
<html>
<head>
    <meta charset="UTF-8">
    <title>v-if</title>
</head>
<body>
<div id="app">
    <h1 v-if="boolean1">True</h1>
    <h1 v-if="boolean2">False</h1>
    <h1 v-if="number >= 100">Number: {{ number }}</h1>
    <h1 v-if="char.indexOf('v-if') >= 0">Char: {{ char }}</h1>
</div>
<script src="https://unpkg.com/vue@next"></script>
<script>
    const vm = Vue.createApp({
        data(){
            return {
```

```
            boolean1: true,
            boolean2: false,
            number: 998,
            char: 'v-if demo'
        }
    }
}).mount('#app');
</script>
</body>
</html>
```

使用浏览器打开代码 2-6，并使用开发者工具切换到元素（elements）窗口，显示效果如图 2-9 所示。

图 2-9　v-if 示例

可以看出，内容为 false 的标签因其中 v-if 指令的值为 false，所以并没有生成，其位置被自动替换成含有 v-if 内容的注释，而其他 v-if 指令为 true 的标签都正常生成。

v-if 与 v-show 指令的差别之一是当表达式的值为 false 时，元素本身是否被创建。当应用开发者不希望在标签判断语句值为 false 时，被他人使用浏览器开发者工具获取到元素中内容，应该优先使用 v-if 标签进行编写。

v-if 相比于 v-show 指令有更高的切换开销，v-show 指令则有着更高的初始渲染开销。当应用中需要高频地切换元素的显示或隐藏时，则应该优先使用 v-show 标签。切换到控制台（console）窗口，在其中输入语句"vm.number = 50"来改变 number 的属性值，在属性改变后，该标签元素也随着判断语句值变为 false 而被删除，原位置被替换成注释，浏览器显示效果如图 2-10 所示。

图 2-10　改变 number 值

如需要 v-if 指令控制多个元素的创建或删除，可以将这些元素创建在 <template> 元素内部，然后在 <template> 元素中使用 v-if 指令，示例如代码 2-7 所示。

代码 2-7 v-if-template.html

```html
<!DOCTYPE html>
<html>
<head>
    <meta charset="UTF-8">
    <title>v-if-template</title>
</head>
    <body>
    <div id="app">
    <template v-if="!isLogin">
        <form>
            <p>username: <input type="text"></p>
            <p>password: <input type="password"></p>
        </form>
    </template>
</div>
<script src="https://unpkg.com/vue@next"></script>
<script>
    const vm = Vue.createApp({
        data() {
            return {
                isLogin: false
            }
        }
```

```
    }).mount('#app');
</script>
</body>
</html>
```

使用浏览器打开代码 2-7，显示效果如图 2-11 所示，切换到控制台（console）窗口，在其中输入语句"vm.islogin = true"来改变 islogin 的属性值，可以看到在属性改变后，<template>元素内所有内容都被删除。

图 2-11 改变 islogin 值

2）v-else 和 v-else-if 指令

v-else 和 v-else-if 指令通常同时出现，并且只能在 v-if 或 v-else 指令后使用，联合使用这两种指令可以实现互斥的条件判断。联合使用时当一个指令中的条件被满足后，后续指令都不会再进行判断，示例如代码 2-8 所示。

```
代码 2-8 v-else.html
<!DOCTYPE html>
<html>
<head>
    <meta charset="UTF-8">
    <title>v-else</title>
</head>
<body>
<div id="app">
    <span v-if="score >= 90"> 优秀 </span>
    <span v-else-if="score >= 75"> 良好 </span>
    <span v-else-if="score >= 60"> 及格 </span>
    <span v-else> 不及格 </span>
```

```
</div>
<script src="https://unpkg.com/vue@next"></script>
<script>
    const vm = Vue.createApp({
        data() {
            return {
                score: 85
            }
        }
    }).mount('#app');
</script>
</body>
</html>
```

使用浏览器打开代码 2-8，显示效果如图 2-12 所示，可以看到，在判断到 score >= 75 条件成立后，后续判断将不再进行且不显示。

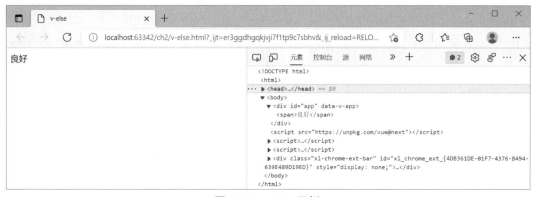

图 2-12　v-else 示例

6.v-for 指令

v-for 指令的作用是：循环遍历一个对象，将对象中的数据渲染成一个列表。该循环对象可以是 JavaScript 对象，也可以是一个数组。

1）v-for 遍历数组

v-for 指令遍历数组的语法如下。

```
item in items
```

其中 items 是被遍历的数组，item 是被迭代的数组元素的别名，in 分隔符可以使用更接近 JavaScript 的 of 来代替。v-for 遍历数组的示例如代码 2-9 所示。

代码 2-9 v-for-demo1.html

```
<!DOCTYPE html>
<html>
```

```
<head>
    <meta charset="UTF-8">
    <title>v-for</title>
</head>
<body>
<div id="app">
    <ul>
        <li v-for="user in users">{{user.name}}</li>
    </ul>
</div>
<script src="https://unpkg.com/vue@next"></script>
<script>
    const vm = Vue.createApp({
        data() {
            return {
                users: [
                    {name: ' 张三 '},
                    {name: ' 李四 '},
                    {name: ' 小明 '}
                ]
            }
        }
    }).mount('#app');
</script>
</body>
</html>
```

　　示例中在数据对象 data() 中自定义了一个 users 数组,其中存放了三组数据,然后在列表标签中使用 v-for 指令循环遍历该数组,将数据渲染成一个无序列表。在 v-for 指令中可以访问所有父作用域的属性,user 为 users 数组中元素自定义的别名,每次循环,user 的值都将被重置为数组当前索引的值,在列表标签内部可以使用 Mustache 语法引用该变量并显示。使用浏览器打开代码 2-9,浏览器显示效果如图 2-13 所示。

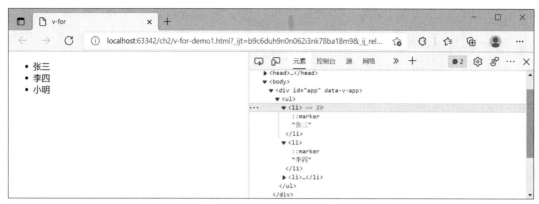

图 2-13　v-for-demo1 示例

v-for 指令还可以使用可选参数来当作当前项的索引,该索引项可以使用 Mustache 语法引用,语法格式如下所示。

```
(item,index) in items
```

将 2-9 示例中的迭代列表替换成带索引参数的方式,修改代码如下所示。

```
<div id="app">
    <ul>
        <li v-for="(user,index) in users">{{index}} -- {{user.name}}</li>
    </ul>
</div>
```

使用浏览器再次打开代码 2-9,浏览器显示效果如图 2-14 所示。

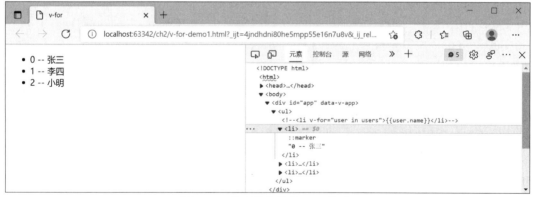

图 2-14　带索引参数的 v-for 指令

2)数组更新检测

数据与视图的双向绑定是 Vue 的核心功能之一,为了监听数组中元素的变化,使其变化时能够快速更新视图,Vue 对数组的下列变异方法(mutation method)进行了包装:push()、pop()、shift()、unshift()、splice()、sort() 和 reverse()。

使用浏览器打开代码 2-9,打出开发者工具并切换到控制台(console)窗口,输入 push

语句,为 users 对象新增一条数据,语句代码如下所示。

```
vm.users.push({name:' 韩梅梅 '})
```

语句效果如图 2-15 所示。

图 2-15 使用 push 方法新增数据

数组中还存在一些非变异方法 (non-mutating method),包括 filter()、concat() 和 slice() 等方法,这些方法不会改变原始数组,而是返回一个新数组。对于这些方法,可以使用新数组替换原数组的方法使 Vue 自动更新视图。

使用浏览器打开代码 2-9,打开开发者工具并切换到控制台(console)窗口,使用 concat语句为 users 对象新增多条数据,语句代码如下所示。

```
vm.users = vm.users.concat([{name:' 李雷 '},{name:' 韩梅梅 '}])
```

语句效果如图 2-16 所示。

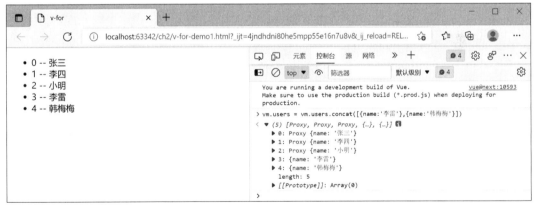

图 2-16 使用 concat 语句新增多条数据

Vue 在检测到数组变化时,并不会重新渲染整个列表,而是会最大化地复用 DOM 元素。在数组被替换时,含有相同元素的项不会被重新渲染,而是会被保留下来。因此开发者可以放心地使用新数组来替换旧数组,而不必担心会影响到应用的性能。

3)过滤与排序

有时程序用户需要对一些数据进行过滤或者排序,而开发者又不希望这些功能改变原始数据,对于这种需求,可以通过创建一个方法或计算属性,来返回过滤或排序后的数组,示例如代码 2-10 所示。

代码 2-10 v-for-demo2.html

```html
<!DOCTYPE html>
<html>
<head>
    <meta charset="UTF-8">
    <title>v-for</title>
</head>
<body>
<div id="app">
    <ul>
        <li v-for="number in evenNumbers(numbers)">{{number}}</li>
    </ul>
</div>
<script src="https://unpkg.com/vue@next"></script>
<script>
    const vm = Vue.createApp({
        data() {
            return {
                numbers : [1,2,4,9,11]
            }
        },
        methods:{
            evenNumbers: function (numbers){
                return numbers.filter(function (number){
                    return number % 2 == 0
                })
            }
        }
    }).mount('#app');
</script>
</body>
</html>
```

示例在数据对象 data() 中自定义了一个 numbers 数组,其中存放了一组自然数。在 methods 中定义一个计算偶数的方法,并使用 v-for 指令在循环中执行了该方法对数组进行 过滤。使用浏览器打开代码 2-10,浏览器显示效果如图 2-17 所示。

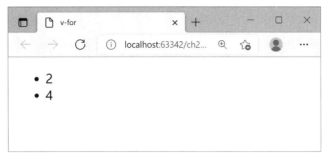

图 2-17　v-for-demo2 示例

4）遍历整数

v-for 指令可以直接接受对整数的遍历循环，对含有指令元素的循环次数即为该整数的值，示例如代码 2-11 所示。

```html
代码 2-11 v-for-demo3.html
<!DOCTYPE html>
<html>
<head>
    <meta charset="UTF-8">
    <title>v-for</title>
</head>
<body>
<div id="app">
    <ul>
        <li v-for="number in 7">{{number}}</li>
    </ul>
</div>
<script src="https://unpkg.com/vue@next"></script>
<script>
    Vue.createApp({}).mount('#app');
</script>
</body>
</html>
```

使用浏览器打开代码 2-11，浏览器显示效果如图 2-18 所示。

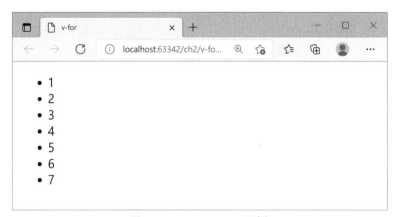

图 2-18　v-for-demo3 示例

5）遍历对象

v-for 指令遍历对象的语法如下，其中 object 是被遍历的对象，value 是被迭代对象属性的值。

```
value in object
```

除了 value 以外，v-for 还可以在遍历中显示当前迭代属性的属性名参数 key 和当前迭代属性的索引值 index，使用方法如以下代码所示。

```
 (value,key) in object
(value,key,index) in object
```

使用 v-for 指令遍历对象的示例如代码 2-12 所示。

代码 2-12 v-for-demo4.html

```html
<!DOCTYPE html>
<html>
<head>
  <meta charset="UTF-8">
  <title>v-for</title>
</head>
<body>
<div id="app">
  <ul>
    <li v-for="(value, key, index) in user">{{index}}. {{key}} : {{value}}</li>
  </ul>
</div>
<script src="https://unpkg.com/vue@next"></script>
<script>
  const vm = Vue.createApp({
```

```
    data() {
      return {
        user: {
          name: ' 李四 ',
          age: 29,
          profession: 'teacher'
        }
      }
    }
  }).mount('#app');
</script>
</body>
</html>
```

使用浏览器打开代码 2-12,浏览器显示效果如图 2-19 所示,可以看到 user 对象的所有属性都被遍历并显示在网页中。

图 2-19　v-for-demo4 示例

6)<template> 标签中的 v-for

在 <template> 标签中可以使用 v-for 指令循环渲染一段含有多种元素的内容,使用方式如以下代码所示。

```
<ul>
  <template v-for="item in items" :key="item.msg">
    <li>{{ item.msg }}</li>
    <li class="divider" role="presentation"></li>
  </template>
</ul>
```

7)key 属性

当 Vue 正在更新使用 v-for 渲染的元素列表时,它会默认使用"就地更新"的策略。如果数据项的顺序被改变,Vue 将不会移动 DOM 元素来匹配数据项的顺序,而是就地更新每个元素,并且确保它们在每个索引位置正确渲染。这种模式在一般情况下十分高效,但当它遇到依赖子组件状态或临时 DOM 状态的列表渲染输出时会出现问题，如代码 2-13 所示。

代码 2-13 v-for-demo5.html

```html
<!DOCTYPE html>
<html>
<head>
    <meta charset="UTF-8">
    <title></title>
</head>
<body>
<div id="app">
    <p>
        ID:<input type="text" v-model="id"/>
        姓名:<input type="text" v-model="name"/>
        <button @click="add()"> 添加 </button>
    </p>
    <p v-for="person in persons">
        <input type="checkbox">
        <span>{{person.id}} : {{person.name}}</span>
    </p>
</div>
<script src="https://unpkg.com/vue@next"></script>
<script>
    const vm = Vue.createApp({
        data() {
            return {
                id: '',
                name: '',
                persons: [
                    {id: 1 ,name: ' 张三 '},
                    {id: 2, name: ' 李四 '},
                    {id: 3, name: ' 王五 '}
                ]
            }
        },
        methods:{
            add(){
                this.persons.unshift({
```

```
                    id : this.id,
                    name : this.name
                });
                this.id = '';
                this.name = '';
            }
        }
    }).mount('#app');
</script>
</body>
</html>
```

代码 2-13 中，定义了一个 person 数组，里面有三组数据，并且在页面中遍历显示出来；同时提供了输入框向数组中添加数据。使用浏览器打开代码 2-13，浏览器显示效果如图 2-20 所示。

图 2-20　v-for-demo5 示例

当勾选"李四"前的复选框后，向数组中插入一条新数据，效果如图 2-21 所示。

图 2-21　新插入数据后显示效果

可以看到先前勾选"李四"变成了"张三"。为了解决这种问题，可以在每项前提供一个唯一的 key 属性，该属性可以给 Vue 一个提示，以便它能跟踪每个节点的身份，从而重用和重新排序现有元素。为代码 2-13 添加以下代码。

```
<p v-for="person in persons" v-bind:key="person.id">
    <input type="checkbox">
    <span>{{person.id}} : {{person.name}}</span>
</p>
```

再次运行示例,并在勾选完"李四"后向数组中插入数据,效果如图 2-22 所示。

图 2-22   使用 key 属性后插入数据效果

8)v-for 与 v-if 一同使用

v-for 与 v-if 在同一节点共同使用时,由于 v-if 的优先级比 v-for 高,这将导致 v-if 没有权限访问 v-for 里的变量,代码如下所示。

```
<li v-for="todo in todos" v-if="!todo.isComplete">
    {{ todo.name }}
</li>
```

上述代码会抛出 isComplete 属性没有定义的错误,对于这种情况,可以把 v-for 移动到 <template> 标签中来使用,输出对应的数值。代码如下所示。

```
<template v-for="todo in todos" :key="todo.name">
    <li v-if="!todo.isComplete">
        {{ todo.name }}
    </li>
</template>
```

7.v-model 指令

v-model 指令的作用是:可以在表单 <input>、<textarea> 及 <select> 元素上创建双向数据绑定,它会根据控件类型自动选取正确的方法来更新元素。v-model 指令通过监听用户的输入事件来更新数据,并且可以在某些场景下进行一些特殊处理。v-model 指令使用方式如代码 2-14 所示。

```
代码 2-14 v-model.html

<!DOCTYPE html>
<html>
```

```
<head>
    <meta charset="UTF-8">
    <title>v-model</title>
</head>
<body>
<div id="app">
    <input type="text" v-model="message" placeholder=" 请输入 ">
    <p> 输入的内容为：{{ message }}</p>
</div>
<script src="https://unpkg.com/vue@next"></script>
<script>
    const vm = Vue.createApp({
        data() {
            return {
                message: ''
            }
        }
    }).mount('#app');
</script>
</body>
</html>
```

使用浏览器打开代码 2-14，在文本框内输入任意数据，效果如图 2-23 所示。

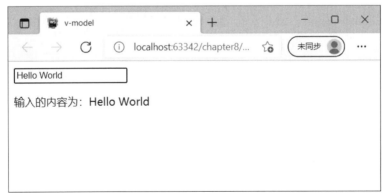

图 2-23　v-model 示例

打开浏览器开发者工具，切换到控制台（console）窗口，输入"vm.message ='change message'"，可以看到单行文本框控件中和下方文字显示内容随之发生变化，效果如图 2-24 所示。

图 2-24   更改 message 值

8.v-on 指令

1）基本用法

v-on 指令的作用是：用于监听 DOM 事件，并在触发事件时执行一些 JavaScript 代码。v-on 指令可以接受一个参数，在指令名称之后以冒号表示。例如使用 v-on 指令监听 click 事件，代码如下所示。

```
<button v-on:click="methodName" > ... </ button>
```

在上述代码中 click 是参数，告知 v-on 指令当按钮触发 click 事件后执行 methodName 方法，v-on 指令也可以如 v-bind 指令一样进行简写，简写的格式如下所示。

```
<button @click="methodName" > ... </ button>
```

v-on 指令的常用形式有以下几种。

(1) 在指令中直接编写 JavaScript 方法。示例如代码 2-15 所示。

代码 2-15 v-on-demo1.html

```
<!DOCTYPE html>
<html>
<head>
  <meta charset="UTF-8">
  <title>v-on</title>
</head>
<body>
<div id="app">
  <p>
    <button v-on:click="count += 1">Add 1</button>
    <span>count: {{count}}</span>
  </p>
</div>
<script src="https://unpkg.com/vue@next"></script>
<script>
```

```
    const vm = Vue.createApp({
        data() {
            return {
                count: 0,
            }
        },
    }).mount('#app');
</script>
</body>
</html>
```

使用浏览器打开代码 2-15,浏览器显示效果如图 2-25 所示,当点击"Add1"按钮时,执行 v-on:click 指令中的 JavaScript 语句。

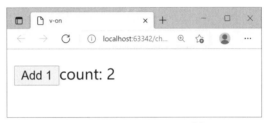

图 2-25　v-on-demo1 示例

(2) 在指令中传入事件方法。

在实际开发中,事件的逻辑通常比较复杂,所以上一种形式使用频率较低,常用形式是在 v-on 指令中接收调用的方法名,示例如代码 2-16 所示。

代码 2-16 v-on-demo2.html

```
<!DOCTYPE html>
<html>
<head>
    <meta charset="UTF-8">
    <title>v-on</title>
</head>
<body>
<div id="app">
    <p>
        <button @click="greet">Greet</button>
    </p>
</div>
<script src="https://unpkg.com/vue@next"></script>
<script>
```

```
        const vm = Vue.createApp({
            data() {
<!DOCTYPE html>
<html>
<head>
    <meta charset="UTF-8">
    <title>v-on</title>
</head>
<body>
<div id="app">
    <p>
        <button v-on:click="say('Hello World!!')">Say Something</button>
    </p>
</div>
<script src="https://unpkg.com/vue@next"></script>
<script>
    const vm = Vue.createApp({
        methods: {
            say(message) {
                alert(message)
            }
        }
    }).mount('#app');
</script>
</body>
</html>
                return {
                    message: 'Hello World'
                }
            },
        methods: {
            greet: function() {
                //this 值指向组件实例
                alert('message:'+this.message)
            },
        }
    }).mount('#app');
</script>
```

```
</body>
</html>
```

使用浏览器打开代码 2-16，浏览器显示效果如图 2-26 所示，当点击"Greet"按钮时，执行 v-on:click 指令中传入的 greet 方法。

图 2-26 v-on-demo2 示例

(3) 在指令中使用内联语句调用方法。

另一种常用形式是在 v-on 指令中使用内联语句调用方法，示例如代码 2-17 所示。

代码 2-17 v-on-demo3.html

```
<!DOCTYPE html>
<html>
<head>
  <meta charset="UTF-8">
  <title>v-on</title>
</head>
<body>
<div id="app">
  <p>
    <button v-on:click="say('Hello World!!')">Say Something</button>
  </p>
</div>
<script src="https://unpkg.com/vue@next"></script>
<script>
  const vm = Vue.createApp({
    methods: {
      say(message) {
        alert(message)
      }
    }
  }).mount('#app');
```

```
</script>
</body>
</html>
```

使用浏览器打开代码 2-17，浏览器显示效果如图 2-27 所示，当点击"Say Something"按钮时，执行 v-on:click 指令中传入的 say 方法，方法中传入了需要的数据。

图 2-27   v-on-demo3 示例

有时也需要在内联语句处理器中访问原始的 DOM 事件。可以用特殊变量 $event 传入方法，代码如下所示。

```
<button @click="warn('Form cannot be submitted yet.', $event)">
  Submit
</button>

// ...
methods: {
  warn(message, event) {
    // 现在可以访问到原生事件
    if (event) {
      event.preventDefault()
    }
    alert(message)
  }
}
```

在 v-on 指令中可以传入多个方法，多个方法之间使用","来进行分隔，代码如下所示。

```
<button @click="one($event), two($event)">
  Submit
</button>

// ...
```

```
methods: {
  one(event) {
    // 第一个事件处理器逻辑 ...
  },
  two(event) {
  // 第二个事件处理器逻辑 ...
  }
}
```

2）事件修饰符

在事件处理程序中调用 event.preventDefault() 或 event.stopPropagation() 方法在实际项目中是很常见的需求。Vue.js 为 v-on 指令提供了事件修饰符，使开发者可以专注于开发纯粹的数据逻辑，而不用去处理 DOM 事件细节。事件修饰符是由".".点开头的指令后缀来表示的，常用修饰符有以下几种：.stop、.prevent、.capture、.self、.once 和 .passive。

它们的用法如以下代码所示。

```
<!-- 阻止单击事件继续传播 -->
<a @click.stop="doThis"></a>

<!-- 点击事件将只会触发一次 -->
<!-- .once 修饰符还能被用到自定义的组件事件上 -->
<a @click.once="doThis"></a>

<!-- 提交事件不再重载页面 -->
<form @submit.prevent="onSubmit"></form>

<!-- 修饰符可以串联 -->
<a @click.stop.prevent="doThat"></a>

<!-- 只有修饰符 -->
<form @submit.prevent></form>

<!-- 添加事件监听器时使用事件捕获模式 -->
<!-- 即内部元素触发的事件先在此处理，然后才交由内部元素进行处理 -->
<div @click.capture="doThis">...</div>

<!-- 只有 event.target 是当前元素自身时触发处理函数 -->
<!-- 即事件不是从内部元素触发的 -->
<div @click.self="doThat">...</div>
```

修饰符在使用时可以串联使用,但需要注意修饰符的使用顺序,相应的代码会以同样的顺序产生,如 v-on:click.prevent.self 会阻止所有的点击,而 v-on:click.self.prevent 只会阻止对元素自身的点击。

3)按键修饰符

在监听键盘事件时,经常需要检查详细的按键,v-on 指令在监听键盘事件时可以添加按键修饰符,代码如下所示。

```
<!-- 只有在 `key` 是 `Enter` 时调用 `vm.submit()` -->
<input @keyup.enter="submit" />
```

为了方便使用,v-on 指令为最常用的键提供了以下别名:.enter、.tab、.delete(捕获"删除"和"退格"键)、.esc、.space、.up、.down、.left 和 .right。

4)系统修饰键

v-on 指令在监听仅按下相应按键才能触发的鼠标或键盘事件时,需要添加如下修饰符:.ctrl、.alt、.shift 和 .meta。

使用方法如以下代码所示。

```
<!-- Alt + Enter -->
<input @keyup.alt.enter="clear" />

<!-- Ctrl + Click -->
<div @click.ctrl="doSomething">Do something</div>
```

修饰键与常规按键不同,在和 keyup 事件一起用时,事件触发时修饰键必须处于按下状态。也就是说,只有在按住"Ctrl"键的情况下释放其他按键,才能触发 keyup.ctrl,只释放 Ctrl 键也不会触发。

5).exact 修饰符

.exact 修饰符可以精确控制系统修饰符组合触发的事件,使用方法如以下代码所示。

```
<!-- 即使 Alt 或 Shift 被一同按下时也会触发 -->
<button @click.ctrl="onClick">A</button>

<!-- 有且只有 Ctrl 被按下的时候才触发 -->
<button @click.ctrl.exact="onCtrlClick">A</button>

<!-- 没有任何系统修饰符被按下的时候才触发 -->
<button @click.exact="onClick">A</button>
```

6)鼠标按钮修饰符

v-on 指令在监听鼠标按钮事件时可以添加鼠标按钮修饰符,它有如下几种:.left、.right 和 .middle。

使用方法如下所示。

```
<!-- 按下鼠标左键时才触发 -->
<input @ click.left=" doSomething " />
```

9.v-once 指令

v-once 指令的作用：设置该指令的元素和组件只能被渲染一次，第一次渲染后页面再重新渲染时，该元素或组件及它们的子节点将被视为静态内容并跳过渲染。v-once 指令不需要表达式，它常被用于优化页面更新性能。v-once 指令示例如代码 2-18 所示。

代码 2-18 v-once.html

```html
<!DOCTYPE html>
<html>
<head>
    <meta charset="UTF-8">
    <title>v-once</title>
</head>
<body>
<div id="app">
    <p> 无 v-once 指令 : {{message}}</p>
    <!-- 单个元素 -->
    <span v-once>v-once 指令内 : {{message}}</span>
    <hr>
    <!-- 有子元素 -->
    <div v-once>
        <h3> 含 v-once 指令子标签 </h3>
        <p>{{message}}</p>
    </div>
</div>

<script src="https://unpkg.com/vue@next"></script>
<script>
    const vm = Vue.createApp({
        data() {
            return {
                message:'Hello World'
            }
        }
    }).mount('#app');
</script>
</body>
</html>
```

使用浏览器打开代码 2-18,浏览器显示效果如图 2-28 所示。

图 2-28   v-once 示例

打开浏览器的开发者工具,切换到控制台(console)窗口,在其中输入语句"vm.message = 'Hello Vue'"来改变 message 的值,浏览器显示效果如图 2-29 所示。

图 2-29   改变 message 值

可以看到,在使用了 v-once 指令的元素内,message 的值没有再次被渲染,所以没有发生任何变化。

10.v-pre 指令

v-pre 指令的作用是:设置该指令的元素会跳过它和它子元素的编译过程,指令中的元素会显示原始 Mustache 标签。v-pre 常被用来跳过大量没有指令的节点,这样可以加快编译的过程,使用方法如代码 2-19 所示。

代码 2-19 v-pre.html

```
<!DOCTYPE html>
<html lang="en">
<head>
    <meta charset="UTF-8">
    <title>v-pre</title>
</head>
```

```
<body>
<div id="app">
    <p v-pre>{{message}}</p>
</div>
<script src="https://unpkg.com/vue@next"></script>
<script>
    const App = {
        data(){
            return {
                message: "Hello World",
            }
        }
    };
    const app = Vue.createApp(App).mount('#app');
</script>
</body>
</html>
```

使用浏览器打开代码 2-19,浏览器显示效果如图 2-30 所示。

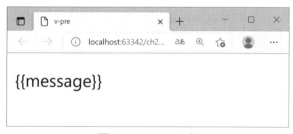

图 2-30　v-pre 示例

11.v-cloak 指令

v-cloak 指令的作用是:该指令的设置会保留在元素上,直到关联组件实例结束编译后被移除。

当网络较慢时,网页还在加载 Vue.js,从而导致 Vue 来不及渲染,这时页面就会显示出 Vue 源代码。v-cloak 指令和 CSS 设置,如 [v-cloak]{display:none} 一起用可以有效解决上述问题,它们可以将未编译的 Mustache 标签隐藏,直到组件实例准备完毕,使用方法如以下代码所示。

```
<style>
    [v-cloak]{
        display: none;
    }
</style>
```

```
<div id="app">
    <p v-cloak>{{message}}</p>
</div>
```

技能点 3　自定义指令

除了提供的默认内置指令，Vue 也允许开发者对于有特殊需求的功能进行自定义指令开发并注册使用。

1. 自定义指定注册

Vue 提供了两种注册自定义指令的方法：全局注册和局部注册，使用方法如下。

1）全局注册

使用 Vue 程序实例的 directive() 方法进行注册，该方法可以接收两个参数，分别为自定义指令名和指令的定义对象或函数对象，对象中编写指令所需要实现的功能。全局注册的方法如以下代码所示。

```
const app = Vue.createApp({})
// 注册一个全局自定义指令 `v-custom`
app.directive('custom ', {
    // 指令功能
......
    }
})
```

2）本地注册

在组件实例的选项对象中使用 directives 选项进行注册，方法如以下代码所示。

```
directives: {
// 注册局部自定义指令 `v-custom`
  custom: {
    // 指令功能
    ......
    }
  }
}
```

在指令注册完成后，即可在模板中的任何元素上使用，如以下代码所示。

```
<div v-custom>......</div>
```

2. 钩子函数

1）可用钩子函数

自定义指令的定义对象是由钩子函数组成的，Vue 提供了如下几个钩子函数，这些钩子函数可以根据需求进行选用。

（1）created：在绑定元素的 attribute 或事件监听器被应用之前调用。一般用于指令需要执行 v-on 事件监听器前调用的事件监听器。

（2）beforeMount：当指令第一次绑定到元素并且在挂载父组件之前调用。

（3）mounted：在绑定元素的父组件被挂载后调用。

（4）beforeUpdate：在更新包含组件的 vnode 之前调用。

（5）updated：在包含组件的 vnode 及其子组件的 vnode 更新后调用。

（6）beforeUnmount：在卸载绑定元素的父组件之前调用

（7）unmounted：当指令与元素解除绑定且父组件已卸载时调用一次。

使用钩子函数编写示例：在页面加载时元素自动获得焦点的自定义指令，示例如代码 2-20 所示。

代码 2-20 v-custom.html

```html
<!DOCTYPE html>
<html>
<head>
  <meta charset="UTF-8">
  <title>v-custom</title>
</head>
<body>
<div id="app">
  <input v-focus>
</div>
<script src="https://unpkg.com/vue@next"></script>
<script>
  const app = Vue.createApp({});
  // 注册一个全局自定义指令
  app.directive('focus', {
    // 当绑定元素被挂载到 DOM 中时
    mounted(el) {
      // 聚焦元素
      el.focus()
    }
  })
  app.mount('#app')
</script>
```

```
</body>
</html>
```

使用浏览器打开代码 2-20,浏览器显示效果如图 2-31 所示,加载完页面未进行任何操作时,input 输入框已经被自动聚焦。

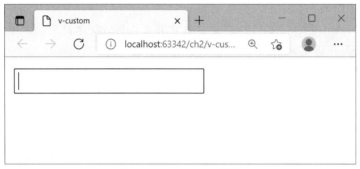

图 2-31   v-custom 示例

2)钩子函数参数

钩子函数可以接收四个参数,分别是 el、vnode、preNode、binding,这四个参数中除了 el 之外,其他的基本被视为只读函数,切勿进行修改。它们的作用分别如下。

(1) el:指令所绑定到的目标元素,可用于直接操作 DOM。

(2) vnode:Vue 编译生成的虚拟节点。

(3) prevNode:上一个虚拟节点,仅在 beforeUpdate 和 updated 钩子中可用。

(4) binding:包含以下属性的对象。

① instance:使用指令的组件实例。

② value:传递给指令的值。例如在 v-my-directive="1 + 1" 中,该值为 2。

③ oldValue:旧值,仅在 beforeUpdate 和 updated 中可用,旧值无论是否更改都可用。

④ arg:传递给指令的参数。例如在 v-my-directive:foo 中,arg 为 "foo"。

⑤ modifiers:包含修饰符的对象。例如在 v-my-directive.foo.bar 中,修饰符对象为 {foo: true,bar: true}。

⑥ dir:一个对象,在注册指令时作为参数传递。例如,在以下指令中

```
app.directive('focus', {
    mounted(el) {
        el.focus()
    }
})
```

dir 将会是以下对象。

```
{
    mounted(el) {
```

```
      el.focus()
    }
  }
}
```

　　使用钩子函数编写自定义指令,来将钩子函数的 binding 和 vnode 参数在页面中输出显示,示例如代码 2-21 所示。

代码 2-21 HookFunctions.html

```html
<!DOCTYPE html>
<html>
<head>
  <meta charset="UTF-8">
  <title>HookFunctions</title>
</head>
<body>
<div id="app">
  <p v-hook:foo.bar="message"></p>
</div>
<script src="https://unpkg.com/vue@next"></script>
<script>
  const app = Vue.createApp({
    data() {
      return {
        message: 'Hello World'
      }
    }
  })
  app.directive('hook', {
    mounted (el, binding, vnode) {
      let s = JSON.stringify
      el.innerHTML =
              'instance: '   + s(binding.instance) + '<br>' +
              'value: '      + s(binding.value) + '<br>' +
              'argument: '   + s(binding.arg) + '<br>' +
              'modifiers: '  + s(binding.modifiers) + '<br>' +
              'vnode keys: ' + Object.keys(vnode).join(', ')
    }
  })
  app.mount('#app')
```

```
</script>
</body>
</html>
```

使用浏览器打开代码 2-21，可以看到这些参数信息都被显示在页面中，如图 2-32 所示。

图 2-32　钩子函数示例

3. 动态指令参数

自定义指令的参数也可以是动态的，例如，在 v-mydirective:[argument]="value" 中，argument 参数可以根据组件实例数据进行更新，这使得自定义指令可以在应用中被灵活使用。

使用钩子函数编写自定义指令，通过固定布局将元素固定在页面上，并分别使用动态参数和固定参数设置指令，示例如代码 2-22 所示。

```
代码 2-22 DynamicArg.html
<!DOCTYPE html>
<html>
<head>
    <meta charset="UTF-8">
    <title>DynamicArg</title>

</head>
<body>
<div id="app">
    <!-- 使用固定参数 -->
    <h3 v-pin:top="50">Hello World</h3>
    <!-- 使用动态参数 -->
    <p v-pin:[direction]="100"> 动态指令设置 </p>
```

```
</div>
<script src="https://unpkg.com/vue@next"></script>
<script>
    const app = Vue.createApp({
        data() {
            return {
                direction: 'right'
            }
        }
    })
    app.directive('pin', {
        mounted(el, binding) {
            el.style.position = 'fixed';
            // binding.arg 是传递给指令的参数
            const s = binding.arg || 'top';
            el.style[s] = binding.value + 'px'
        }
    })
    app.mount('#app')
</script>
</body>
</html>
```

使用浏览器打开代码 2-22,浏览器显示效果如图 2-33 所示。

图 2-33　动态指令参数示例

4. 函数简写

如果自定义指令在 mounted 和 updated 钩子函数中触发相同行为,并且无其他钩子函数触发,那么可以在注册时传递一个函数对象作为参数来实现,代码如下所示。

```
app.directive('pin', (el, binding) => {
    el.style.position = 'fixed'
    const s = binding.arg || 'top'
    el.style[s] = binding.value + 'px'
})
```

5. 对象字面量

如果自定义指令需要多个值,那么可以传入一个 JavaScript 对象字面量,指令函数能够接受所有合法的 JavaScript 表达式。

```
<div v-demo="{ color: 'white', text: 'hello!' }"></div>

app.directive('demo', (el, binding) => {
    console.log(binding.value.color) // => "white"
    console.log(binding.value.text) // => "hello!"
})
```

实现首页菜单

当鼠标移动到某个菜单上时,会弹出下拉菜单并显示子菜单,当鼠标移开子菜单列表,子菜单列表自动隐藏。

第一步:创建 menu.html 文件,并在其中创建 Vue 实例。实例中首先在 data 选项中编写一个要显示的菜单信息,如代码 2-23 所示。这些菜单按照顶层菜单以及其子菜单的关系进行编写,这样就可以在页面中使用指令动态地显示菜单,而不必使用标签元素进行顺序堆叠,使代码的编写和维护更加简单、直观、快捷。

代码 2-23 menu.html

```
<!DOCTYPE html>
<html>
<head>
    <meta charset="UTF-8">
    <title>menu</title>
</head>
<body>
<script src="https://unpkg.com/vue@next"></script>
<script>
```

```
const vm = Vue.createApp({
    data() {
        return {
            menus: [
                {
                    name: ' 首页 ', url: '#', show: true
                },
                {
                    name: ' 推荐专区 ', url: '#', show: false, subMenus: [
                        {name: ' 新书 ', url: '#'},
                        {name: ' 特价书 ', url: '#'},
                        {name: ' 畅销榜 ', url: '#'}
                    ]
                },
                {
                    name: ' 书籍类别 ', url: '#', show: false, subMenus: [
                        {name: ' 教科书 ', url: '#'},
                        {name: ' 文学综合 ', url: '#'},
                        {name: ' 人文社科 ', url: '#'}
                    ]
                },
                {
                    name: ' 账户管理 ', url: '#', show: true
                }
            ]
        }
    }
}).mount('#app');
</script>
</body>
</html>
```

顶层菜单中定义了菜单名 name、菜单点击后跳转的 url 地址、show 属性以及子菜单对象 subMenus。show 属性用于控制子菜单是否显示,初始化时子菜单不显示,当鼠标移动到含有子菜单的顶层菜单时,该属性变为 true,子菜单被渲染出来;鼠标移开时,该属性再变为 false,子菜单被隐藏。

第二步:使用嵌套的 v-for 指令循环遍历出 menus 菜单对象,使用 v-show 指令切换子菜单显示,使用 v-on 指令监控鼠标事件 mouseover 和 mouseout 改变鼠标移动到顶层菜单上和移出时 show 属性的值,在顶层元素上添加 v-cloak 属性配合 CSS 设置控制渲染过程。在

menu.html 中添加如以下代码。

```
<div id = "app" v-cloak>
    <li v-for="menu in menus" @mouseover="menu.show = !menu.show" @mouseout="menu.show = !menu.show">
        <a :href="menu.url" >
            {{menu.name}}
        </a>
        <ul v-show="menu.show">
            <li v-for="subMenu in menu.subMenus">
                <a :href="subMenu.url">{{subMenu.name}}</a>
            </li>
        </ul>
    </li>
</div>
```

第三步：在页面中添加 <style> 样式即可完成页面编写，menu.html 最终代码如代码 2-24 所示。

代码 2-24 menu.html

```
<!DOCTYPE html>
<html>
<head>
    <meta charset="UTF-8">
    <title>menu</title>
    <style>
        body {
            width: 600px;
        }
        a {
            text-decoration: none;
            display: block;
            color: #fff;
            width: 120px;
            height: 40px;
            line-height: 40px;
            border: 1px solid #fff;
            border-width: 1px 1px 0 0;
            background: #255f9e;
        }
        li {
```

```
            list-style-type: none;
        }
        #app > li {
            list-style-type: none;
            float: left;
            text-align: center;
            position: relative;
        }
        #app li a:hover {
            color: #fff;
            background: #ffb100;
        }
        #app li ul {
            position: absolute;
            left: -40px;
            top: 40px;
            margin-top: 1px;
            font-size: 12px;
        }
        [v-cloak] {
            display: none;
        }
    </style>
</head>
<body>
<div id = "app" v-cloak>
    <li v-for="menu in menus"  @mouseover="menu.show = !menu.show"  @
mouseout="menu.show = !menu.show">
        <a :href="menu.url" >
            {{menu.name}}
        </a>
        <ul v-show="menu.show">
            <li v-for="subMenu in menu.subMenus">
                <a :href="subMenu.url">{{subMenu.name}}</a>
            </li>
        </ul>
    </li>
</div>
```

```
<script src="https://unpkg.com/vue@next"></script>
<script>
    const vm = Vue.createApp({
        data() {
            return {
                menus: [
                    {
                        name: ' 首页 ', url: '#', show: false
                    },
                    {
                        name: ' 推荐专区 ', url: '#', show: false, subMenus: [
                            {name: ' 新书 ', url: '#'},
                            {name: ' 特价书 ', url: '#'},
                            {name: ' 畅销榜 ', url: '#'}
                        ]
                    },
                    {
                        name: ' 书籍类别 ', url: '#', show: false, subMenus: [
                            {name: ' 教科书 ', url: '#'},
                            {name: ' 文学综合 ', url: '#'},
                            {name: ' 人文社科 ', url: '#'}
                        ]
                    },
                    {
                        name: ' 账户管理 ', url: '#', show: false
                    }
                ]
            };
        }
    }).mount('#app');
</script>
</body>
</html>
```

第四步：使用浏览器打开代码 2-24，浏览器显示效果如图 2-34 所示。

图 2-34　菜单显示效果

本次任务讲解了创建书籍商城网站 Vue 实例,并使用 Vue 指令实现带有可隐藏下拉菜单功能的首页菜单。通过对本次任务的学习,加深了对于 Vue 实例创建的理解,掌握了基本的 Vue 中指令的使用方法。

mount	组织
computed	计算的
inject	注入
cloak	覆盖,隐藏
directive	指示,指令

一、选择题

1. v-html 指令的作用是（   ）。

A. 更新元素的文本内容   B. 更新元素的 innerHTML

C. 隐藏元素的 HTML 内容   D. 跳过该元素的编译过程

2. <button :[key]="value" /> 元素中使用的是哪个指令（   ）。

A.v-src   B．v-on   C.v-bind   D.v-once

3. v-model 指令不能在哪个元素上创建双向数据绑定（   ）。

A.<input> 元素   B.<textarea> 元素

C.<select> 元素   D.<img> 元素

4. 以下哪个不是钩子函数（   ）。

A.beforecreated   B.beforeMount

C.beforeUpdate   D.beforeUnmount

二、简答题

1. v-if 与 v-show 指令有哪些差别？

项目三　书籍商城购物车实现

通过学习 Vue 中的计算属性以及监听器的使用，掌握使用 Vue 绑定 HTML 元素中的 Class 和 Style，并学会使用 Vue 实现表单的各种控件。具有运用所学的相关知识编写书籍商城购物车的能力，在任务实现过程中：

● 掌握 Vue 计算属性的使用方法；
● 掌握 Vue 监听器的使用方法；
● 掌握 Class 和 Style 绑定的实现；
● 掌握表单输入绑定的使用方法。

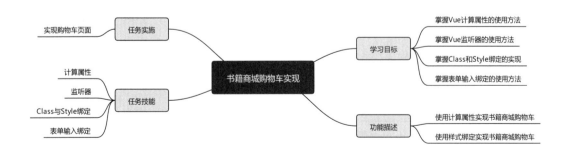

【情景导入】

在目前的应用程序开发中,人们要求前端所呈现的效果越来越美观,前端所需要实现的业务逻辑也越来越复杂,只靠 Vue 的一些基础功能是满足不了的。本次任务需要通过学习 Vue 更多特性来实现更复杂的网页功能。

【功能描述】

● 使用计算属性实现书籍商城购物车。
● 使用样式绑定实现书籍商城购物车。

技能点 1　计算属性

1. 计算属性基础

在 Vue 模板内使用表达式非常便利,但如果表达式的逻辑过于复杂,会让模板过于臃肿且难以维护。

```
<div id="example">
    {{ message.split('').reverse().join(' ') }}
</div>
```

在以上代码中,模板不再是简单的声明式逻辑,而是用了三个方法来将变量 message 的字符串反转,如果这种反转功能需要在程序中多次使用,那就更加难以处理和维护,这时就会用到计算属性。

计算属性一般在选项对象的 computed 中以函数的形式进行定义,然后在模板中使用 Mustache 语法对其进行调用,这样既便于代码的维护,也利于对方法进行复用。

将上例中字符串反转功能使用计算属性来实现,如代码 3-1 所示。

代码 3-1 ComputedDemo1.html

```html
<!DOCTYPE html>
<html>
<head>
    <meta charset="UTF-8">
    <title> ComputedDemo1</title>
</head>
<body>
<div id="app">
    <p> 原始字符串：{{ message }}</p>
    <p> 反转字符串：{{ reversedMessage }}</p>
</div>
<script src="https://unpkg.com/vue@next"></script>
<script>
    const vm = Vue.createApp({
        data() {
            return {
                message: 'Hello World'
            }
        },
        computed: {
            // 计算属性的 getter
            reversedMessage(){
                return this.message.split("").reverse().join("");
            }
        }
    }).mount('#app');
</script>
</body>
</html>
```

　　代码 3-1 中声明了一个计算属性 reversedMessage，可以像绑定普通属性一样将数据绑定到模板中的计算属性。Vue 会监测到 vm.reversedMessage 依赖于 vm.message，因此当 message 属性发生变化时，所有依赖 reversedMessage 的绑定也会更新。

　　使用浏览器打开代码 3-1，可以看到反转功能正常执行，打开控制台更新 message 的值，reversedMessage 被调用并更新返回值到视图中，效果如图 3-1 所示。

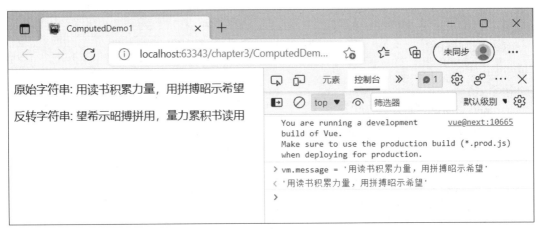

图 3-1　ComputedDemo1.html 代码效果

　　计算属性默认只有 getter,所以是不能直接修改计算属性的,如果程序有需要,可以自定义一个 setter,示例如代码 3-2 所示。

代码 3-2 ComputedDemo2.html

```html
<!DOCTYPE html>
<html>
<head>
    <meta charset="UTF-8">
    <title> ComputedDemo2</title>
</head>
<body>
<div id="app">
    <p>First name: <input type="text" v-model="firstName"></p>
    <p>Last name: <input type="text" v-model="lastName"></p>
    <p>{{ fullName }}</p>
</div>
<script src="https://unpkg.com/vue@next"></script>
<script>
    const vm = Vue.createApp({
        data() {
            return {
                firstName: 'Isaac',
                lastName: "Newton"
            }
        },
        computed: {
            fullName: {
```

```
            // 计算属性的 getter
            get() {
                return this.firstName + ' ' + this.lastName
            },
            // 计算属性的 setter
            set(newValue) {
                let names = newValue.split(' ')
                this.firstName = names[0]
                this.lastName = names[names.length - 1]
            }
        }
    }
}).mount('#app');
</script>
</body>
</html>
```

使用浏览器打开代码 3-2，在页面中更新 firstName 或 lastName 的值，Vue 会调用 fullName 的 getter() 函数更新它的值。打开控制台，使用语句"vm.fullName='Alan Turing'"更新 fullName 的值，Vue 会调用 fullName 的 setter() 函数更新 firstName 和 lastName 的值，效果如图 3-2 所示。

图 3-2　ComputedDemo2.html 代码效果

2. 计算属性缓存

复杂表达式也可以放到方法中实现，使用 Mustache 语法调用方法即可，如以下代码所示。

```
反转字符串：{{ reversedMessage() }}

<script>
    const vm = Vue.createApp({
        data() {
```

```
            return {
                message: 'Hello World'
            }
        },
        methods:{
            reversedMessages(){
                return this.message.split("").reverse().join("");
            }
        }
    }).mount('#app');
</script>
```

计算属性与方法不同之处在于,计算属性可以基于它的响应式依赖进行缓存,只有在计算属性的相关响应式依赖发生改变时才会更新值。当计算属性的依赖项没有发生变化时,多次访问计算属性会立即返回之前的计算结果,而不会重新执行函数。而方法面对上述情况,会不断被重新调用,从而造成资源的浪费。

而对于 Date.now() 这种非响应式依赖,则不适用于计算属性,使用计算属性会造成部分代码不再更新,如以下代码所示。

```
computed: {
  now() {
    return Date.now()
  }
}
```

技能点 2　监听器

1. 监听器基础

监听器是 Vue 中常用来观察和响应实例中数据变动的工具,监听器在实例的选项对象中的 watch 选项中进行定义。

使用监听器实现千米和米之间的换算,示例如代码 3-3 所示。

代码 3-3 WatchDemo1.html

```
<!DOCTYPE html>
<html>
<head>
  <meta charset="UTF-8">
  <title>WatchDemo1</title>
```

```
</head>
<body>
<div id = "app">
  <p> 千米 : <input type = "text" v-model="kilometers"></p>
  <p> 米 : <input type = "text" v-model="meters"></p>
</div>
<script src="https://unpkg.com/vue@next"></script>
<script>
  const vm = Vue.createApp({
    data() {
      return {
        kilometers: 0,
        meters: 0
      }
    },
    watch: {
    kilometers(val) {
        this.meters = val * 1000;
    },
    // 监听器函数也可以接受两个参数，val 是当前值，oldVal 是改变之前的值
    meters(val, oldVal) {
        this.kilometers = val / 1000;
      }
    }
  }).mount('#app');
</script>
</body>
</html>
```

代码 3-3 中定义了两个监听器 kilometers 和 meters，分别监听相应属性的变化，当其中一个属性的值改变时，对应的监听器就会被调用，得出另一个属性的值，并同步显示到视图中。使用浏览器打开代码 3-3，效果如图 3-3 所示。

图 3-3　WatchDemo1.html 代码效果

使用计算属性也可以实现上例中的功能,但需要在数据变化时执行异步或开销较大的操作时,使用监听器效率会更高。例如在一个登录注册模块中,需要通过验证码来进行身份验证,用户输入的验证码需要到服务端进行匹配验证。这一功能就可以考虑对验证码属性进行监听,在异步请求验证结果的过程中,可以在视图的验证码位置添加 loading 标志,这样的功能使用计算属性很难做到。

下面编写一个使用监听器实现斐波那契数列计算的例子,斐波那契数列是从第 3 项开始,每一项都等于前两项之和。由于斐波那契数列的计算比较耗时,可以直观感受监听器在监听开销较大的操作时的使用。首先编写 fibonacci.js 来存放斐波那契数列的计算方法,如代码 3-4 所示。

代码 3-4 fibonacci.js

```
function fibonacci(n){
        return n < 2 ? n : arguments.callee(n-1) + arguments.callee(n-2);
}
onmessage = function(event){
        var num = parseInt(event.data, 10);
        postMessage(fibonacci(num));
}
```

在主程序中使用 WebWorker 来创建 Worker 线程运行斐波那契数列计算,如代码 3-5 所示。

代码 3-5 WatchDemo2.html

```
<!DOCTYPE html>
<html>
<head>
  <meta charset="UTF-8">
  <title>WatchDemo2</title>
</head>
<body>
<div id = "app">
    请输入要计算斐波那契数列的第几个数:
    <input type="text" v-model="num">
    <p v-show="result">{{result}}</p>
</div>
<script src="https://unpkg.com/vue@next"></script>
<script>
    const vm = Vue.createApp({
      data() {
        return {
          num: 0,
```

```
        result: "
    }
  },
  watch: {
    num(val) {
      // 为耗时较长的计算过程添加状态提示
      this.result = " 斐波那契数列计算中 ......";
      if(val > 0){
        const worker = new Worker("fibonacci.js");
        worker.onmessage = (event) => this.result = event.data;
        worker.postMessage(val);
      }
      else{
        this.result = ";
      }
    }
  }
}).mount('#app');
</script>
</body>
</html>
```

在代码 3-5 中,通过 worker 实例加载 fibonacci.js 脚本并异步执行,当计算执行完成后,调用 postMessage() 方法通知创建者线程的 onmessage 回调函数,在该函数中可以通过 event 对象的 data 属性得到数据并显示出来。

使用浏览器打开代码 3-5,计算斐波那契数列第 41 个数,效果如图 3-4 所示,等待一段时间后才能显示出结果,如图 3-5 所示。

图 3-4　斐波那契数列计算中

图 3-5　斐波那契数列计算完成

需要注意的是，不能使用箭头函数来定义监听器函数，如以下代码所示。

```
kilometers:(val) => {
        this.kilometers = val;
        this.meters = this.kilometers * 1000;
}
```

箭头函数绑定的是父级作用域的上下文，这里的 this 指向的是 window 对象而不是组件实例，this.meters 和 this.kilometers 的值都是 undefined。

2. 监听器其他形式

监听器除了直接在其中编写函数的形式来定义外，还有其他两种形式，使用方式如下。

（1）在监听器中使用已定义方法的方法名进行监听，示例如代码 3-6 所示。

代码 3-6 WatchDemo3.html

```
<!DOCTYPE html>
<html>
<head>
  <meta charset="UTF-8">
  <title>WatchDemo3</title>
</head>
<body>
<div id = "app">
  数字 : <input type = "text" v-model="number">
  <p v-if="info">{{info}}</p>
</div>
<script src="https://unpkg.com/vue@next"></script>
<script>
  const vm = Vue.createApp({
    data() {
      return {
        number: 0,
        info: ''
      }
```

```
    },
    methods: {
      evenNumber(){
        if(this.number%2 == 0)
          this.info = ' 偶数 ';
        else
          this.info = ' 奇数 ';
      }
    },
    watch : {
      number: 'evenNumber'
    }
  }).mount('#app');
</script>
</body>
</html>
```

（2）在监听器中监听某一个对象属性的变化。此种方式的监听器有两个可设置的选项，如表 3-1 所示。

表 3-1　watch 可设置选项

选项名	选项作用
handler	定义当对象属性变化时调用的监听函数
deep	定义该监听器的监听深度，默认值为 false。如果该值被设置为 true，那么无论该对象的属性在对象中的层级有多深，只要它的值发生变化就会被监测到

此种方式示例如代码 3-7 所示。

代码 3-7 WatchDemo4.html

```
<!DOCTYPE html>
<html>
<head>
  <meta charset="UTF-8">
  <title>WatchDemo4</title>
</head>
<body>
<div id = "app">
  年龄 : <input type = "text" v-model="person.age">
  <p v-if="info">{{info}}</p>
```

```
</div>
<script src="https://unpkg.com/vue@next"></script>
<script>
  const vm = Vue.createApp({
    data() {
      return {
        person: {
          name: 'lisi',
          age: 17
        },
        info: "
      }
    },
    watch : {
      person: {
        handler(val, oldVal){
          if(val.age >= 18)
            this.info = ' 已成年 ';
          else
            this.info = ' 未成年 ';
        },
        deep: true,
      }
    }
  }).mount('#app');
</script>
    </body>
</html>
```

执行代码 3-7 可发现，在程序刚执行时是不会对 person 对象中的 age 进行判断的，需要更改一次年龄后才能进行判断。也就是监听器函数在最初绑定的时候是不会执行的，如果需要让监听函数在监听开始后立即执行，可以使用 immediate 选项。immediate 选项的值被设置为 true 后，会使监听器函数在初始渲染时就执行，如以下代码所示。

```
watch : {
    person: {
        handler(val, oldVal){
            if(val.age >= 18)
                this.info = ' 已成年 ';
```

```
        else
            this.info = ' 未成年 ';
    },
    deep: true,
    immediate: true
}
```

执行修改后的代码,浏览器显示效果如图 3-6 所示。

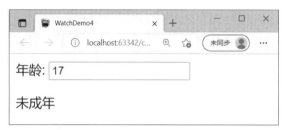

图 3-6　添加 immediate 选项

3. 实例方法 $watch

组件实例中的 $watch 方法同样可以实现监听功能,它可以监听组件实例上响应式属性和计算属性的更改。对于顶层的数据属性、props 和计算属性,只能通过字符串传递它们。而对于更复杂的表达式或嵌套属性,则可以用一个函数来进行传递,$watch 使用方法如以下代码所示。

```
const app = createApp({
  data() {
    return {
      a: 1,
      b: 2,
      c: {
        d: 3,
        e: 4
      }
    }
  },
  created() {
    // 顶层 property 名
    this.$watch('a', (newVal, oldVal) => {
      ......
    })

    // 用于监视单个嵌套 property 的函数
```

```
    this.$watch(
      () => this.c.d,
      (newVal, oldVal) => {
        ......
      }
    )

    // 用于监视复杂表达式的函数
    this.$watch(
      // 表达式 `this.a + this.b` 每次得出一个不同的结果时
      // 处理函数都会被调用。
      // 这就像监听一个未被定义的计算属性
      () => this.a + this.b,
      (newVal, oldVal) => {
        ......
      }
    )
  }
})
```

当监听的目标是一个对象或者数组时，对其属性或元素的任何更改都不会触发监听器，因为它的引用并未发生变化，如以下代码所示。

```
const app = createApp({
  data() {
    return {
      article: {
        text: 'Hello World'
      },
      comments: ['Indeed!', 'I agree']
      }
    },
  created() {
    this.$watch('article', () => {
      console.log('Article changed!')
    })

    this.$watch('comments', () => {
      console.log('Comments changed!')
```

```
    })
  },
  methods: {
    // 下两个方法不会触发侦听器，因为方法只更改了对象 / 数组的一个属性
    changeArticleText() {
      this.article.text = ' Hello Vue '
    },
    addComment() {
      this.comments.push('New comment')
    },

    // 以下两个方法将触发侦听器，因为方法完全替换了目标对象 / 数组
    changeWholeArticle() {
      this.article = { text: 'Hello Vue' }
    },
    clearComments() {
      this.comments = []
    }
  }
})
```

　　如果想要监听对象或数组内部变更，可以在选项参数中加入 deep: true，代码如下所示。

```
vm.$watch('someObject', callback, {
  deep: true
})
vm.someObject.number= 123
// 回调函数被触发
```

技能点 3　Class 与 Style 绑定

　　在 HTML 语法中可以使用 class 与 style 属性来设置元素样式，上一章中讲到，Vue.js 提供的 v-bind 指令可通过表达式计算出字符串结果来处理这两种属性，不过对于一些复杂需求，字符串拼接较麻烦且易出错，因此 Vue.js 专门针对这两种属性处理做了增强，使表达式结果的类型除了字符串之外，还能变成对象或数组。

1. 绑定 class

1）绑定对象

通过向 v-bind:class（可简写为 class）指令中传递对象，可以动态地切换 class 的使用，代码如下所示。

```html
<div id="app">
  <div v-bind:class="{ active: isActive }"></div>
</div>
<script>
  const vm = Vue.createApp({
    data() {
      return {
        isActive: true,
      }
    }
  }).mount('#app');
</script>
```

上述代码表示，名为 active 的 class 存在与否将取决于数据属性 isActive 值，如果该值计算结果为 true，则 class 样式存在，为 false 则样式消失。

开发者可以在对象中传入更多字段来动态切换多个 class，此外，v-bind:class 指令也可以与普通的 class 属性共存，如代码 3-8 所示。

代码 3-8 ClassObjectDemo.html

```html
<!DOCTYPE html>
<html>
<head>
  <meta charset="UTF-8">
  <title>ClassObjectDemo</title>
  <style>
    .static {
      border: solid 4px black;
    }
    .active {
      width: 100px;
      height: 100px;
      background: blue;
    }
    .text-danger {
      background: red;
    }
```

```
      }
    </style>
</head>
<body>
<div id = "app">
    <div class="static" v-bind:class="{ active: isActive, 'text-danger': hasError }"></div>
</div>
<script src="https://unpkg.com/vue@next"></script>
<script>
    const vm = Vue.createApp({
        data() {
            return {
                isActive: true,
                hasError: false
            }
        }
    }).mount('#app');
</script>
</body>
</html>
```

　　使用浏览器打开代码 3-8，打出元素（elements）窗口，可以看到 static 和 active 样式被渲染出来，效果如图 3-7 所示。

图 3-7　ClassObjectDemo 示例

　　在控制台窗口中输入"vm.hasError = true"可以看到 class 变为"static active text-danger"，并渲染出样式效果，效果如图 3-8 所示。

图 3-8　修改 hasError 值

　　如果绑定的数据十分复杂，那么不必将其内联定义在模板里，可以直接在数据属性中自定义绑定对象，如以下代码所示。

```
<div id="app">
  <div :class="classObject"></div>
</div>
<script>
  const vm = Vue.createApp({
    data() {
      return {
        classObject: {
          active: true,
          'text-danger': false
        }
      }
    }
  }).mount('#app');
</script>
```

　　渲染结果与代码 3-8 渲染结果相同，相比绑定对象，在实际项目中更常用的是绑定一个返回对象的计算属性，代码如下所示。

```
<div id="app">
  <div :class="classObject"></div>
</div>
<script>
  const vm = Vue.createApp({
    data() {
      return {
```

```
        isActive: true,
        error: null
      }
    },
    computed: {
      classObject() {
        return {
          active: this.isActive && !this.error,
          'text-danger': this.error && this.error.type === 'fatal'
        }
      }
    }
  }).mount('#app');
</script>
```

2）绑定数组

为 v-bind:class 指令传递一个数组，可以使其应用数组中的 class 列表，示例如代码 3-9 所示。

代码 3-9 ClassArrayDemo.html

```
<!DOCTYPE html>
<html>
<head>
  <meta charset="UTF-8">
  <title>ClassArrayDemo</title>
  <style>
    .active {
      width: 100px;
      height: 100px;
      background: blue;
    }
    .text-danger {
      background: red;
    }
  </style>
</head>
<body>
<div id = "app">
  <div v-bind:class="[activeClass, errorClass]"></div>
</div>
```

```
<script src="https://unpkg.com/vue@next"></script>
<script>
  const vm = Vue.createApp({
    data() {
      return {
        activeClass: 'active',
        errorClass: 'text-danger'
      }
    }
  }).mount('#app');
</script>
</body>
</html>
```

使用浏览器打开代码 3-9，打出元素（elements）窗口，效果如图 3-9 所示。

图 3-9   ClassArrayDemo 示例

如果开发者想根据条件切换列表中的 class，可以在数组中使用三元表达式来实现，代码如下所示。

```
<div id = "app">
  <div v-bind:class="[isActive ? activeClass : '', errorClass]"></div>
</div>
<script>
  const vm = Vue.createApp({
    data() {
      return {
        isActive: true,
        activeClass: 'active',
        errorClass: 'text-danger'
```

```
      }
    }
  }).mount('#app');
</script>
```

这样将始终渲染样式 errorClass,只有在 isActive 的值为 true 时才会渲染 activeClass 样式。当数组中有多个条件 class 时,可以使用对象语法来简化表达式的编写,代码如下所示。

```
<div :class="[{ active: isActive }, errorClass]"></div>
```

3)在组件上使用 class 属性

当在一个带有单个根元素的自定义组件上使用 class 属性时,这些 class 属性将被添加到该元素中,此元素上现有的 class 不会被覆盖。

当有如下声明组件:

```
const app = Vue.createApp({})

app.component('my-component', {
  template: `<p class="foo bar">Hello World</p>`
})
```

可以在使用该组件时为其添加 class 属性,代码如下所示。

```
<div id="app">
  <my-component class="baz boo"></my-component>
</div>
```

这时 HTML 代码将被渲染为以下内容。

```
<p class="foo bar baz boo"> Hello World </p>
```

这种方式对于带数据绑定的 class 也同样适用。

```
<my-component :class="{ active: isActive }"></my-component>
```

当 isActive 为 true 时,HTML 代码将被渲染为以下内容。

```
<p class="foo bar active"> Hello World </p>
```

当组件有多个根元素时,需要先定义哪些部分将接收该 class,可以使用 $attrs 组件属性来实现此操作。

```
<div id="app">
  <my-component class="baz"></my-component>
</div>

const app = Vue.createApp({})
app.component('my-component', {
```

```
template: `
    <p :class="$attrs.class"> Hello World </p>
    <span>This is a child component</span>
    `
})
```

2. 绑定 style

1）绑定对象

v-bind:style 的对象语法与 CSS 样式语法十分相似，但它其实是一个 JavaScript 对象。CSS 属性名可以用驼峰式 (camelCase) 或短横线分隔 (kebab-case，需用引号括起来) 来命名，代码如下所示。

```
<div id="app">
    <div v-bind:style="{ color: activeColor, fontSize: fontSize + 'px' }">Hello World</div>
</div>

<script>
    const vm = Vue.createApp({
        data() {
            return {
                activeColor: 'blue',
                fontSize: 50
            }
        }
    }).mount('#app');
</script>
```

如果绑定的样式十分复杂，那么不必将样式属性代码编写在模板中，可以直接在数据属性中自定义样式对象，如代码 3-10 所示。

代码 3-10 StyleObjectDemo.html

```
<!DOCTYPE html>
<html>
<head>
    <meta charset="UTF-8">
    <title>StyleObjectDemo</title>
</head>
<body>
<div id="app">
    <div v-bind:style="styleObject"> 成长于泱泱华夏大国，传递时代新生力量 </div>
</div>
```

```
<script src="https://unpkg.com/vue@next"></script>
<script>
  const vm = Vue.createApp({
    data() {
      return {
        styleObject: {
          color: 'blue',
          fontSize: '50px'
        }
      }
    }
  }).mount('#app');
</script>
</body>
</html>
```

使用浏览器打开代码 3-10,效果如图 3-10 所示。

图 3-10　StyleObjectDemo 示例

style 的对象绑定同样可以结合返回对象的计算属性来使用。

2)绑定数组

为 v-bind:style 指令传递一个数组,可以将多个样式对象应用到同一个元素上,示例如代码 3-11 所示。

代码 3-11 StyleObjectDemo.html

```
<!DOCTYPE html>
<html>
<head>
  <meta charset="UTF-8">
  <title>StyleArrayDemo</title>
```

```
</head>
<body>
<div id = "app">
  <div v-bind:style="[baseStyles, overridingStyles]"></div>
</div>
<script src="https://unpkg.com/vue@next"></script>
<script>
      const vm = Vue.createApp({
        data() {
          return {
            baseStyles: {
              width: '100px',
              height: '100px',
              background: 'blue'
            },
            overridingStyles: {
              border: 'solid 2px black'
            }
          }
        }
      }).mount('#app');
  </script>
  </body>
  </html>
```

3）多重值

可以为 style 绑定中的属性提供一个包含多个值的数组，这种方式常被用于提供多个带前缀的值，代码如下所示。

```
<div :style="{ display: ['-webkit-box', '-ms-flexbox', 'flex'] }"></div>
```

这种方式只会渲染数组中最后一个被浏览器支持的值，上例中，如果浏览器支持不带浏览器前缀的 flexbox，那么就只会渲染 display:flex 样式。

技能点 4　表单输入绑定

项目二中讲述了 v-model 指令可以在表单 <input>、<textarea> 及 <select> 元素上创建双向数据绑定，并使用 v-model 标签实现单行文本框数据绑定。这种特性使得它可以被用来实现更多类型表单控件的数据绑定功能,如多行文本框(Textarea)、复选框(Checkbox)、单选框(Radio)、选择框(Select Options)等。

1. 控件实现

1)多行文本框

在 <textarea> 元素中添加 v-model 属性即可实现多行文本框的双向绑定,v-model 指令绑定的数据属性会被设置为多行文本框中输入的内容。多行文本框的输入绑定示例如代码 3-12 所示。

代码 3-12 Textarea.html

```html
<!DOCTYPE html>
<html lang="en">
<head>
    <meta charset="UTF-8">
    <title>Textarea</title>
</head>
<body>
<div id="app">
  <textarea v-model="message" placeholder=" 请输入 "></textarea>
  <p> 输入的内容为: </p>
  <p style="white-space: pre-line;">{{ message }}</p>
</div>
<script src="https://unpkg.com/vue@next"></script>
<script>
  const vm = Vue.createApp({
    data() {
      return {
        message: ''
      }
    }
  }).mount('#app');
</script>
</body>
</html>
```

使用浏览器打开代码 3-12,在多行文本框内输入任意多行数据,效果如图 3-11 所示。

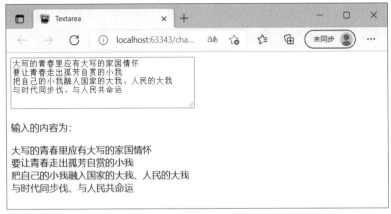

图 3-11　多行文本框实现

2）单选框

在类型为单选框 radio 的 input 元素中添加 v-model 属性即可实现单选框的双向绑定，v-model 指令绑定的数据属性会被设置为单选框的 value 值，单选框的输入绑定示例如代码 3-13 所示。

代码 3-13 Radio.html

```html
<!DOCTYPE html>
<html>
<head>
  <meta charset="UTF-8">
  <title>Radio</title>
</head>
<body>
<div id = "app">
  <input id="agree" type="radio" value="agree" v-model="opinion">
  <label for="agree"> 同意 </label>
  <br>
  <input id="disagree" type="radio" value="disagree" v-model="opinion">
  <label for="disagree"> 不同意 </label>
  <br>
  <span> 是否同意：{{ opinion }}</span>
</div>
<script src="https://unpkg.com/vue@next"></script>
<script>
  const vm = Vue.createApp({
    data() {
      return {
```

```
        opinion: "
      }
    }
  }).mount('#app');
</script>
</body>
</html>
```

使用浏览器打开代码 3-13，选择任意选项，效果如图 3-12 所示。

图 3-12　单选框实现

当选中"同意"时，opinion 的值被设置为"agree"；当选中"不同意"时，opinion 的值被设置为"disagree"。

3）复选框

在类型为复选框 checkbox 的 input 元素中添加 v-model 属性即可实现复选框的双向绑定，复选框的双向绑定分为两种情况。

（1）单个选项的复选框，v-model 指令绑定的数据属性为布尔值，选中为 true，未选中则为 false。

（2）多个选项的复选框，v-model 指令绑定的数据属性为一个数组，选中选项的 value 值会按选中顺序被保存到数组中。

复选框的输入绑定示例如代码 3-14 所示。

```
代码 3-14 Radio.html
<!DOCTYPE html>
<html>
<head>
  <meta charset="UTF-8">
  <title>Checkbox</title>
</head>
<body>
```

```html
<div id = "app">
    <h3> 单个复选框:</h3>
    <input id="agreement" type="checkbox" v-model="opinion">
    <label for="agreement">{{ opinion }}</label>

    <h3> 多个复选框:</h3>
    <input id="Beijing" type="checkbox" value=" 北京 " v-model="Municipality">
    <label for="Beijing"> 北京 </label>
    <input id="Shanghai" type="checkbox" value=" 上海 " v-model="Municipality">
    <label for="Shanghai"> 上海 </label>
    <input id="Tianjin" type="checkbox"   value=" 天津 " v-model="Municipality">
    <label for="Tianjin"> 天津 </label>
    <input id="Chongqing" type="checkbox"   value=" 重庆 " v-model="Municipality">
    <label for="Chongqing"> 重庆 </label>
    <p> 选择城市 : {{ Municipality }}</p>
</div>

<script src="https://unpkg.com/vue@next"></script>
<script>
        const vm = Vue.createApp({
        data() {
        return {
            opinion: false,
            Municipality: []
        }
        }
    }).mount('#app');
</script>
</body>
</html>
```

使用浏览器打开代码 3-14,可以看到当单个复选框选中后 opinion 变为 true,选择任意复选框,这些选项的值会按选中顺序被保存到数组中,效果如图 3-13 所示。

图 3-13　复选框实现

4）选择框

在选择框 select 元素中添加 v-model 属性即可实现选择框的双向绑定，选择框的双向绑定分为两种情况。

（1）选择框单选时，v-model 指令绑定的数据属性为选择框中 <option> 元素的 value 的属性值。

（2）选择框多选时，v-model 指令绑定的数据属性为一个数组，所有选中的 <option> 元素的 value 值会被保存到数组中。

选择框的输入绑定示例如代码 3-15 所示。

代码 3-15 SelectOptions.html

```html
<!DOCTYPE html>
<html lang="en">
<head>
    <meta charset="UTF-8">
    <title>Select Options</title>
</head>
<body>
<div id = "app">
  <h3> 单选选择框 </h3>
  <select v-model="grade">
    <option disabled value=""> 设置成绩 </option>
    <option> 优 </option>
    <option> 良 </option>
    <option> 中 </option>
    <option> 及格 </option>
    <option> 不及格 </option>
  </select>
```

```
    <p> 成绩为: {{ grade }}</p>

    <h3> 多选选择框 </h3>
    <select v-model="selected" multiple>
      <option v-for="option in options" :value="option.value">
        {{ option.text }}
      </option>
    </select>
    <p> 多选框条目: {{ selected }}</p>
</div>

<script src="https://unpkg.com/vue@next"></script>
<script>
    const vm = Vue.createApp({
      data() {
        return {
          grade: '',
          selected: [],
          options: [
            {text: 'A', value: 'A 数据 '},
            {text: 'B', value: 'B 数据 '},
            {text: 'C', value: 'C 数据 '},
            {text: 'D', value: 'D 数据 '}
          ]
        }
      }
    }).mount('#app');
</script>
</body>
</html>
```

使用浏览器打开代码 3-15,可以看到单选选择框选中为“中”后,其绑定的数据属性 grade 的值同时变为“中”,多选选择框同时选中的值会显示在其绑定的 selected 数组中,效果如图 3-14 所示。

图 3-14　选择框实现

2. 值绑定

　　在单选框、复选框及选择框控件中，v-model 绑定的值通常都有默认的类型，单选框绑定的是字符串，复选框可以绑定布尔值或数组，选择框可以绑定字符串或数组。在实际项目中可能会遇到需要改变控件绑定类型的需求，这时可以使用 v-bind 指令来将控件双向绑定到当前活动实例的一个动态属性上。

　　1）单选框

　　在单选框 radio 的 input 元素中添加 v-bind 属性即可将单选框的 value 属性绑定到另一个数据上，当单选框被选中后，绑定的值就变为该 value 属性绑定的数据的值，示例如代码 3-16 所示。

代码 3-16 SelectOptions.html

```html
<!DOCTYPE html>
<html lang="en">
<head>
    <meta charset="UTF-8">
        <title>Radio-v-bind</title>
</head>
<body>
<div id = "app">
  <input id="agree" type="radio" v-model="opinion" v-bind:value="opinionBind[0]">
  <label for="agree"> 同意 </label>
  <br>
  <input id="disagree" type="radio" v-model="opinion" v-bind:value="opinionBind[1]">
  <label for="disagree"> 不同意 </label>
  <br>
```

```
    <span> 是否同意: {{ opinion }}</span>
</div>
<script src="https://unpkg.com/vue@next"></script>
<script>
  const vm = Vue.createApp({
    data() {
      return {
        opinion: ",
        opinionBind:[' 赞同 ',' 反对 ']
      }
    }
  }).mount('#app');
</script>
</body>
</html>
```

使用浏览器打开代码 3-16,选择任意选项,效果如图 3-15 所示。

图 3-15　单选框值绑定

示例中当选中"同意"时, opinion 的值被设置为"赞同",选中"不同意"时, opinion 的值被设置为"反对"。这样即证明单选框的值被绑定到了 opinionBind 属性上。

2) 复选框

在复选框 checkbox 的 input 元素中添加 v-bind 属性,并与 input 元素中的 true-value、false-value 两个属性配合使用,即可将单个复选框的值绑定到另一个数据上。

true-value、false-value 两个属性可以指定单个复选框在选中状态和未选中状态下 v-model 绑定的值,如以下代码所示。

```
<div id = "app">
  <input id="agreement" type="checkbox" v-model="opinion"
        true-value=" 真 " false-value=" 假 ">
</div>
```

当选中复选框时，opinion 变为"真"，取消选中后，opinion 变为"假"。true-value、false-value 两个属性联合 v-bind 属性进行值绑定的示例如代码 3-17 所示。

代码 3-17 Radio.html

```html
<!DOCTYPE html>
<html>
<head>
  <meta charset="UTF-8">
  <title>CheckBox-V-Bind</title>
</head>
<body>
<div id = "app">
  <h3> 单个复选框：</h3>
  <input id="agreement" type="checkbox" v-model="opinion"
        v-bind:true-value="trueVal" v-bind:false-value="falseVal">
  <label for="agreement">{{ opinion }}</label>
</div>
<script src="https://unpkg.com/vue@next"></script>
<script>
  const vm = Vue.createApp({
    data() {
      return {
        opinion: ' 假 ',
        trueVal: ' 真 ',
        falseVal: ' 假 '
      }
    }
  }).mount('#app');
</script>
</body>
</html>
```

使用浏览器打开代码 3-17，可以看到当单个复选框选中后 opinion 变为"真"，效果如图 3-16 所示。

图 3-16　复选框值绑定

3）选择框

选择框选项的值 option 元素的 value 属性可以使用 v-bind 属性进行值绑定，代码如下所示。

```
<select v-model="selected">
  <!-- 内联对象字面量 -->
  <option :value="{ number: 123 }">123</option>
</select>
```

当被选中时，vm.selected.number 的值就变为"123"。选择框值绑定最常用的方式是如代码 3-17 所示的那样，通过 v-for 指令进行循环完成选项值绑定，如以下代码所示。

```
<select v-model="selected" multiple>
    <option v-for="option in options" :value="option.value">
        {{ option.text }}
    </option>
</select>
```

3. 修饰符

1）.lazy 修饰符

在默认情况下，v-model 指令会在每次 input 事件触发后，将输入框的值与数据进行同步。在 v-model 指令后加上 .lazy 修饰符可以使其转为在 change 时间之后进行同步，使用语法如以下代码所示。

```
<!-- 在"change"时而非"input"时更新 -->
<input v-model.lazy="message" />
```

2）.number 修饰符

在默认情况下，即使在 type="number" 时，HTML 输入元素的值也总会返回字符串。在 v-model 指令后加上 .number 修饰符则可以将用户的输入值转为数值类型，这时如果这个值无法被 parseFloat() 解析，则会返回原始的值。使用语法如以下代码所示。

```
<input v-model.number="age" type="number" />
```

3）.trim 修饰符

用户在输入数据时,偶尔会有在数据前后误加空格,或在复制粘贴数据时不小心带上制表符的情况,这样会使数据提交到服务端时出现问题。在 v-model 指令后加上 .trim 修饰符可以使其自动过滤用户输入的首尾空白字符,使用语法如以下代码所示。

```
<input v-model.trim="message" />
```

实现购物车页面

在页面中显示购物车中商品信息,并能进行数量增减以及商品删除操作,购物车中金额也随商品数量的变化而变化,如图 3-17 所示。

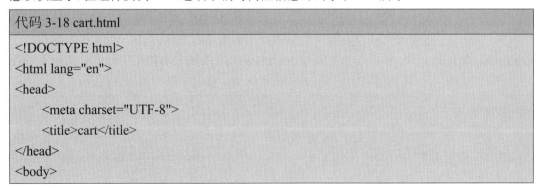

图 3-17　购物车实现

第一步:创建 cart.html 文件,并在其中创建 vue 实例,实例中首先需要准备一些商品信息以供显示,在组件实例 data 选项中编写商品信息,如代码 3-18 所示。

代码 3-18 cart.html

```
<!DOCTYPE html>
<html lang="en">
<head>
    <meta charset="UTF-8">
    <title>cart</title>
</head>
<body>
```

```
<script src="https://unpkg.com/vue@next"></script>
<script>
    const vm = Vue.createApp({
        data() {
            return {
                books: [
                    {
                        id: 1,
                        title: ' 高等数学 ',
                        price: 68,
                        count: 1
                    },
                    {
                        id: 2,
                        title: ' 三国演义 ',
                        price: 40,
                        count: 1
                    },
                    {
                        id: 3,
                        title: ' 算法导论 ',
                        price: 90,
                        count: 1
                    }
                ]
            }
        },
    }).mount('#app');
</script>
    /body>
</html>
```

第二步：为了使单项商品金额随购物车中商品数量动态变化，需在 vue 实例中编写方法 itemPrice() 来进行计算，并在方法中编写 deleteItem() 用以删除购物车中商品。购物车中商品总价的统计采用计算属性来实现，在 cart.html 的 vue 实例中添加如以下代码。

```
methods: {
    itemPrice(price, count){
        return price * count;
    },
```

```
        deleteItem(index){
            this.books.splice(index, 1);
        }
    },
    computed: {
        totalPrice(){
            let total = 0;
            for (let book of this.books) {
                total += book.price * book.count;
            }
            return total;
        }
    }
}
```

第三步：在模板中使用 v-for 标签遍历输出书籍商品信息，单项书籍价格使用 itemPrice() 方法进行更新，总价使用计算属性 totalPrice 进行更新，删除功能使用 v-on 指令通过监控按钮点击 deleteItem() 方法实现，在 cart.html 的 vue 实例中添加如以下代码。

```
<div id="app" v-cloak>
    <table>
        <tr>
            <th> 序号 </th>
            <th> 商品名称 </th>
            <th> 单价 </th>
            <th> 数量 </th>
            <th> 金额 </th>
            <th> 操作 </th>
        </tr>
        <tr v-for="(book, index) in books" :key="book.id">
            <td>{{ book.id }}</td>
            <td>{{ book.title }}</td>
            <td>{{ book.price }}</td>
            <td>
                <button v-bind:disabled="book.count === 0"
                        v-on:click="book.count-=1">-</button>
                {{ book.count }}
                <button v-on:click="book.count+=1">+</button>
            </td>
            <td>
                {{ itemPrice(book.price, book.count) }}
```

```
            </td>
            <td>
                <button @click="deleteItem(index)"> 删除 </button>
            </td>
        </tr>
    </table>
    <span> 总价: ￥{{ totalPrice }}</span>
</div>
```

第四步: 在页面中添加 <style> 样式即可完成页面编写, cart.html 最终代码如代码 3-19 所示。

代码 3-19 cart.html

```
<!DOCTYPE html>
<html>
<head>
    <meta charset="UTF-8">
    <title> 购物车 </title>
    <style>
        body {
            width: 600px;
        }
        table {
            border: 1px solid black;
        }
        table {
            width: 100%;
        }
        th {
            height: 50px;
        }
        th, td {
            border-bottom: 1px solid #ddd;
            text-align: center;
        }
        span {
            float: right;
        }
        [v-cloak] {
            display: none;
```

```html
                }
        </style>
</head>
<body>
<div id="app" v-cloak>
    <table>
        <tr>
            <th> 序号 </th>
            <th> 商品名称 </th>
            <th> 单价 </th>
            <th> 数量 </th>
            <th> 金额 </th>
            <th> 操作 </th>
        </tr>
        <tr v-for="(book, index) in books" :key="book.id">
            <td>{{ book.id }}</td>
            <td>{{ book.title }}</td>
            <td>{{ book.price }}</td>
            <td>
                <button v-bind:disabled="book.count === 0"
                        v-on:click="book.count-=1">-</button>
                {{ book.count }}
                <button v-on:click="book.count+=1">+</button>
            </td>
            <td>
                {{ itemPrice(book.price, book.count) }}
            </td>
            <td>
                <button @click="deleteItem(index)"> 删除 </button>
            </td>

        </tr>
    </table>
    <span> 总价：￥{{ totalPrice }}</span>
</div>
<script src="https://unpkg.com/vue@next"></script>
<script>
    const vm = Vue.createApp({
```

```javascript
data() {
    return {
        books: [
            {
                id: 1,
                title: ' 高等数学 ',
                price: 68,
                count: 1
            },
            {
                id: 2,
                title: ' 三国演义 ',
                price: 40,
                count: 1
            },
            {
                id: 3,
                title: ' 算法导论 ',
                price: 90,
                count: 1
            }
        ]
    }
},
methods: {
    itemPrice(price, count){
        return price * count;
    },
    deleteItem(index){
        this.books.splice(index, 1);
    }

},
computed: {
    totalPrice(){
        let total = 0;
        for (let book of this.books) {
            total += book.price * book.count;
```

```
            }
                return total;
            }
        }
    }).mount('#app');
</script>
</body>
</html>
```

第五步:运行项目即可实现如图 3-17 所示的购物车页面内容。

本次任务讲解了使用计算属性与样式绑定实现书籍商城购物车页面,通过对本次任务的学习,加深了对于 Vue 各种功能及特性的理解,增加了计算属性、样式绑定等技能的熟练度。

reversed	相反的
immediate	立刻的
opinion	意见
camelCase	骆驼式
flexbox	弹性盒模型

一、选择题

1. 下列有关计算属性的说法正确的是(　　　)。

A. 计算属性可以直接修改　　　　　　　B. 计算属性多次访问不会重新执行

C. 计算属性的选项对象为 computeds　　　　D. 计算属性是以属性的形式进行定义的

2. 下列关于监听器定义形式错误的是（　　　　）。

A. 编写函数的形式进行监听　　　　　　　B. 对某一个 HTML 元素进行监听

C. 使用已定义方法的方法名进行监听　　　D. 对某一个对象属性进行监听

3. 下列说法错误的是（　　　　）。

A. class 可以绑定对象　　　　　　　　　　B. class 可以绑定数组

C. 可以直接在组件上使用 class 属性　　　　D. class 只能定义在模板里

4. 下列不属于 v-model 指令的修饰符的是（　　　　）。

A. .lazy　　　　　　　B. .pre　　　　　　　C. .trim　　　　　　　D. .number

二、简答题

1. 监听器相比于计算属性优点有哪些?

项目四　书籍商城首页设计

通过学习 Vue 组件的相关知识,了解 Vue 组件注册的相关使用方法,熟悉 Vue 组件的创建方法,学习 Vue 的内容分发,更深一步掌握 Vue 的相关知识,掌握 Vue 动态组件的知识,掌握组件选项的基础知识。具有运用所学的相关知识编写书籍商城首页简单框架的能力,在任务实现过程中:

- 掌握 Vue 组件注册;
- 掌握组件选项;
- 掌握内容分发;
- 掌握动态组件。

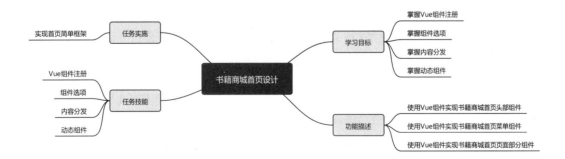

【情景导入】

Vue 组件是可扩展的 HTML 元素,是封装可重用的代码,同时也是 Vue 实例,可以接受相同的选项对象(除了一些根级特有的选项)并提供相同的生命周期钩子。可以根据项目需求,抽象出一些组件,每个组件里包含了展现功能和样式。每个页面,根据自己所需,使用不同的组件来拼接。这种开发模式使前端页面易于扩展,且灵活性高,而且组件之间也实现了解耦。

【功能描述】

● 使用 Vue 组件实现书籍商城首页头部组件。
● 使用 Vue 组件实现书籍商城首页菜单组件。
● 使用 Vue 组件实现书籍商城首页页面部分组件。

技能点 1 Vue 组件注册

代码复用是软件开发中经常用到的,但是引入复用的代码后又会担心对现有的程序产生影响,所以从 jQuery 开始就通过插件的形式复用代码,到 RequireJs 已将 js 文件模块化,按需加载。

jQuery 和 RequireJs 虽然提供了比较方便的复用方式,但现阶段还需要手动加入所需的CSS 文件和 HTML 模块。WebComponents 的出现提供了一种新的思路,可以自定义 tag 标签,有自身的模板、样式和交互。Vue.js 也提供了组件系统,支持自定义 tag 和原生 HTML元素的扩展。

通常一个应用会以一棵嵌套组件树的形式来组织,可能会有页头、侧边栏、内容区等组件,每个组件又包含了其他(如导航链接、文章主题)组件,如图 4-1 所示。

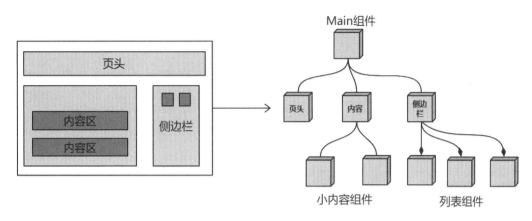

图 4-1　Vue 组件

Vue.js 创建组件构造器的方式非常简单,如下所示。

```
const app = Vue.createApp({ /* 选项 */ })
```

上述方法仅仅是创建了组件构造器,还无法使用这个组件,需要将组件注册到应用中才能使用。其中 Vue.js 提供了两种注册方式,分别是全局注册和局部注册。

1. 全局注册

全局注册需要在根实例初始化之前注册,这样才能使组件在任意实例中都能被使用,注册方式如下。

```
Vue.createApp({...}).component('my-component-name', {
// ... 选项 ...
})
```

注册成功后可以在模块中以自定义元素 <my-component> 来使用组件。组件的命名依据 W3C(万维网联盟)标准,由小写字母和一个短横杠“-”组成,虽然 Vue.js 暂不强制要求,但官方建议遵循 W3C 标准。使用方法如代码 4-1 所示。

代码 4-1 全局注册

```
<div id="app">
    <my-component></my-component>
  </div>
 <script>
const app = Vue.createApp({})
app.component('my-component',{
    template : '<h1> 全局注册实验 </h1>'+
        '<p>青春不止眼前的潇洒,还有边关与国家,民族与信仰。</p>'+
        '<p>• 胸有大志,心有大我,肩有大任,行有大德。</p>'+
        '<p>• 知国,爱国,才能报国。</p>'+
```

```
            '<p>• 一代人有一代人的青春，一代人有一代人的长征。</p>'+
            '<p>• 没有人生来就是英雄，也没有哪个英雄可以永远守护世界。</p>'+
            '<p> 即使是被贴上许多不好标签的 90 后 00 后如今也能顶天立地，标签不
影响我们保家卫国，保持孩子本性的同时也做保护世界的大人。</p>'
        })
        app.mount('#app')
</script>
```

经过编译之后，实际的 HTML 代码如下所示。

```
<div id="app">
<h1> 全局注册实验 </h1>
<p> 青春不止眼前的潇洒，还有边关与国家，民族与信仰。</p>
<p>• 胸有大志，心有大我，肩有大任，行有大德。</p>
<p>• 知国，爱国，才能报国。</p>
<p>• 一代人有一代人的青春，一代人有一代人的长征。</p>
<p>• 没有人生来就是英雄，也没有哪个英雄可以永远守护世界。</p>
<p> 即使是被贴上许多不好标签的 90 后 00 后如今也能顶天立地，标签不影响我们保家
卫国，保持孩子本性的同时也做保护世界的大人。</p>
</div>
```

页面运行结果如图 4-2 所示。

图 4-2　Vue 全局注册

2. 局部注册

局部注册限定了组件只能在被注册的组件中使用，无法在其他组件中使用。注册方式
如代码 4-2 所示。

```
代码 4-2 局部注册

<div id="app">
    <com-btn></com-btn>
    </div>
<script>
```

```
const childcom ={
        template:`<p> 局部注册实验 </p>`,
        }
    const vm = Vue.createApp({
        components:{
            'com-btn':childcom,// 调用这个组件
    }
})
vm.mount('#app')
 </script>
```

输出结果如图 4-3 所示。

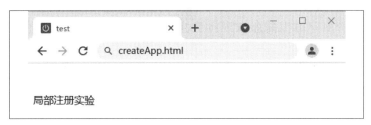

图 4-3　Vue 局部注册

3. 在模块系统中局部注册

如果项目中使用了诸如 Babel 和 Webpack 的模块系统,可以将组件保存在某一文件夹下统一管理。在需要使用某个组件时,可以在文件中导入需要的组件,并进行局部注册,使用方式如代码 4-3 所示。

代码 4-3 模块系统中使用局部注册

```
import ComponentA from './ComponentA'
import ComponentC from './ComponentC'
export default {
components: {
 ComponentA,
 ComponentC
}
```

4-3 的代码中展示了在某个 .js 或 .vue 文件中使用 ComponentA 和 ComponentC 组件的过程。

技能点 2　组件选项

1. 组件 Props

组件不仅仅要把模板的内容进行复用,更重要的是组件间要进行通信。通常父组件的模板中包含子组件,父组件正向地向子组件传递数据或参数,子组件接收后根据不同的参数来渲染不同的内容或执行操作。这个正向传递数据的过程就是通过 Props 来实现的。

在 Vue 中,父子组件的关系可以总结为 props down 和 events up。父组件通过 Props 向下传递数据给子组件,子组件通过 Events 给父组件发送消息,如图 4-4 所示。

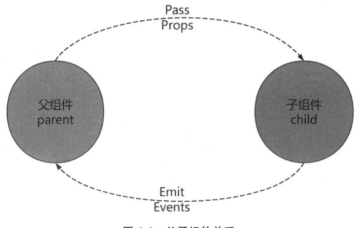

图 4-4　父子组件关系

组件实例的作用域是孤立的,子组件的模板和模块中无法直接调用父组件的数据,所以使用 Props 将父组件的数据传递给子组件,子组件在接收数据时需要显式声明 Props,如代码 4-4 所示。

代码 4-4 组件 Props

```
const app = Vue.createApp({})
app.component('component-a', {
  template: '<div> 这是一个自定义组件,父组件传给我的内容是: {{myMessage}}</div>',
  props: ['myMessage'],
  data () {
  return {
    myMessage: 'helloworld'
  }
  }
})
```

1）驼峰命名

由于 HTML 不区分大小写，当使用 DOM 模板时，驼峰命名 (camelCase) 的 Props 名称要转为短横分隔命名 (kebab-case)，如代码 4-5 所示。

代码 4-5 驼峰命名

```
<div id="app">
<my-component warning-text=" 提示信息 "></my-component>
</ div>
<script>
const app = Vue.createApp({})
app.component('component-a', {
props:[ ' warningText '],
template:'<div>{{ warningText }}</div> '
});
app.mount('#app')
</script>
```

2）Props 类型

通常每个 Props 都有指定的类型值，可以通过对象的形式列出 Props，这些 property 的名称和值分别是 Props 各自的名称和类型，如代码 4-6 所示。

代码 4-6 驼峰命名

```
props: {
title: String,
likes: Number,
isPublished: Boolean,
commentIds: Array,
author: Object,
callback: Function,
contactsPromise: Promise // 或任何其他构造函数
}
```

3）动态 Props

除了传递静态数据的方式外，也可以通过使用 v-bind 指令的方式将父组件的 data 数据传递给子组件，使用父组件 blogPost 中 data 数据 title 的方法，如代码 4-7 所示。

代码 4-7 动态 Props

```
<!-- 动态赋予一个变量的值 -->
<blog-post :title="post.title"></blog-post>
<!-- 动态赋予一个复杂表达式的值 -->
<blog-post :title="post.title + ' by ' + post.author.name"></blog-post>
```

传入的值都是字符串类型的,但实际上任何类型的值都可以传给 Props。

（1）传入一个数字 。

```
<blog-post :likes="42"></blog-post>
<!-- 用一个变量进行动态赋值。-->
<blog-post :likes="post.likes"></blog-post>
```

（2）传入一个布尔值。

```
<!-- 包含该 Props 没有值的情况在内,都意味着 `true`。 -->
<blog-post is-published></blog-post>
<blog-post :is-published="false"></blog-post>
<!-- 用一个变量进行动态赋值。 -->
<blog-post :is-published="post.isPublished"></blog-post>
```

（3）传入一个数组。

```
<blog-post :comment-ids="[234, 266, 273]"></blog-post>
<!-- 用一个变量进行动态赋值。 -->
<blog-post :comment-ids="post.commentIds"></blog-post>
```

（4）传入一个对象。

```
<blog-post :author="{
name: 'Veronica',
company: 'Veridian Dynamics'
}" >
</blog-post>
<!-- 用一个变量进行动态赋值。 -->
<blog-post :author="post.author"></blog-post>
```

（5）传入一个对象的所有 property。

如果想要将一个对象的所有 property 都作为 Props 传入,可以使用不带参数的 v-bind (取代 v-bind:prop-name)。例如,对于一个给定的对象 post。

```
<blog-post v-bind="post"></blog-post>
post: {
id: 1,
title: ' 传入一个对象的所有 property'
}
```

4）单向数据流

所有的 Props 都使其父子 Props 之间形成一个单向下行绑定:父级 Props 的更新会向下流动到子组件中,但是反过来则不行。原因是防止子组件意外变更父级组件的状态,从而导致应用的数据流向难以理解。

另外,每次父级组件发生变更时,子组件中所有的 Props 都将会刷新为最新的值。这意味着不应该在一个子组件内部改变 Props。如果这样做了,Vue 会在浏览器的控制台中发出警告。两种常见的变更 Props 的情况如下。

(1)Props 用来传递一个初始值,这个子组件希望将其作为一个本地的 Props 数据来使用。在这种情况下,最好定义一个本地的 data property 并将这个 Props 作为其初始值,如下所示。

```
props: ['initialCounter'],
data() {
return {
counter: this.initialCounter
}
}
```

(2)Props 以一种原始的值传入且需要进行转换。在这种情况下,最好使用这个 Props 的值来定义一个计算属性。

```
props: ['size'],
computed: {
normalizedSize: function () {
return this.size.trim().toLowerCase()
}
}
```

在 JavaScript 中,对象和数组是通过引用传入的,所以对于一个数组或对象类型的 Props 来说,在子组件中改变这个对象或数组本身将会影响到父组件的状态。

5)Props 验证

组件可以指定 Props 验证要求,让使用者更加准确地使用组件。在使用验证的时候,Props 接受的参数为 json 对象,而不是数组。例如,当使用 props:{a:Number},即为验证参数 a 为 Number 类型时,如果调用该组件传入的 a 参数为字符串,则会抛出异常。

Vue.js 提供的 Props 验证方式有很多种,如基础类型检测、多种类型检测、参数必须检测、参数默认检测、绑定类型检测、自定义验证函数检测以及转换值检测,具体说明如下。

(1)基础类型检测:props: Number,接收的参数为原生构造器,如 String、Number、Boolean、Function、Object、Array;也可接收 null,意味任意类型均可。

(2)多种类型检测:props:[Number, String],允许参数为多种类型之一,例如类型可以为数值或字符串。

(3)参数必须检测:props: {type : Number, required: true},参数必须有值且为 Number 类型。

(4)参数默认检测:props: {type : Number, default : 10},参数具有默认值 10。如果默认值设置为数组或对象,需要像组件中 data 属性那样,通过函数返回值的形式赋值,如代码 4-8 所示。

代码 4-8 函数返回值的形式赋值

```
props: {
type: Function,
// 与对象或数组默认值不同,这不是一个工厂函数 —— 这是一个用作默认值的函数
default: function() {
return 'Default function'
 }
}
```

（5）绑定类型检测：props: {twoWay: true},校验绑定类型,如果非双向绑定会抛出一条警告。

（6）自定义验证函数检测：props : {validator : function(value) {return value > 0; }},验证值必须大于 0,如代码 4-9 所示。

代码 4-9 自定义验证函数

```
props: {
validator: function(value) {
// 这个值必须匹配下列字符串中的一个
 return ['success', 'warning', 'danger'].indexOf(value) !== -1
 }
 }
```

（7）转换值检测：props: {coerce : function(val) {return parseInt(val)}},将字符串转化成数值。

2. 非 Props 的 Attribute

一个非 Props 特性是指传向一个组件,但是该组件并没有相应 Props 定义的 Attribute。因为显式定义的 Props 适用于向一个子组件传入信息,然而组件库并不能预见组件会被用于怎样的场景。这也是为什么组件可以接收任意的 Attribute,而 Attribute 会被添加到这个组件的根元素上。常见的示例包括 class、style 和 id 属性。

1）Attribute 继承

当组件返回单个根节点时,非 Props Attribute 将自动添加到根节点的 Attribute 中。例如在 <date-picker> 组件的实例中,如代码 4-10 所示。

代码 4-10 Attribute 继承

```
app.component('date-picker', {
template: `
<div class="date-picker">
<input type="datetime" />
</div>
`
})
```

如果需要定义 <date-picker> 组件的状态，它将应用于根节点 (div.date-picker)，如代码 4-11 所示。

```
代码 4-11 定义 <date-picker>
<!-- 具有非 Props Attribute 的 Date-picker 组件 -->
<date-picker data-status="activated"></date-picker>
 <!-- 渲染 date-picker 组件 -->
<div class="date-picker" data-status="activated">
<input type="datetime" />
</div>
```

在相同的规则下同样适用于事件监听器，具体代码如下所示。

```
<date-picker @change="submitChange"></date-picker>
app.component('date-picker', {
created() {
console.log(this.$attrs) // { onChange: () => {} }
}
})
```

当 HTML 元素将 change 事件作为 date-picker 的根元素时，如代码 4-12 所示。

```
代码 4-12 <date-picker> 根元素
app.component('date-picker', {
template: `
<select>
<option value="1">Yesterday</option>
<option value="2">Today</option>
<option value="3">Tomorrow</option>
</select>
`
})
```

在这种情况下，change 事件监听器从父组件传递到子组件，它将在原生 select 的 change 事件上触发，不需要显式地从 date-picker 发出事件，如代码 4-13 所示。

```
代码 4-13 change 事件上触发
<div id="date-picker" class="demo">
<date-picker @change="showChange"></date-picker>
</div>
<script>
const app = Vue.createApp({
methods: {
```

```
showChange(event) {
console.log(event.target.value) // 将记录所选选项的值
}
}
})
</script>
```

2）禁用 Attribute 继承

如果不希望组件的根元素继承 Attribute，可以在组件的选项中设置 inheritAttrs: false。禁用 Attribute 继承的常见情况是需要将 Attribute 应用于根节点之外的其他元素。通过将 inheritAttrs 选项设置为 false，可以访问组件的 $attrs property。如果需要将所有非 Props Attribute 应用到非根元素上，则可以使用 v-bind 指令来完成，如代码 4-14 所示。

代码 4-14 禁用 Attribute 继承
```
app.component('date-picker', {
inheritAttrs: false,
template: `
<div class="date-picker">
<input type="datetime" v-bind="$attrs" />
</div>
`
})
```

有了这个新配置，data-status 将应用于 input 元素，如代码 4-15 所示。

代码 4-15 data-status 应用于 input 元素
```
<!-- Date-picker 组件 使用非 Prop Attribute-->
<date-picker data-status="activated"></date-picker>
<!-- 渲染 date-picker 组件 -->
<div class="date-picker">
<input type="datetime" data-status="activated" />
</div>
```

3）多个根节点上的 Attribute 继承

与单个根节点组件不同，具有多个根节点的组件不会自动添加到根节点的 Attribute 中。如果未显式绑定 $attrs，将发出运行警告，如代码 4-16 所示。

代码 4-16 多个根节点上的 Attribute 继承
```
<custom-layout id="custom-layout" @click="changeValue"></custom-layout>
// 这将发出警告
app.component('custom-layout', {
template: `
```

```
<header>...</header>
<main>...</main>
<footer>...</footer>
`
})
// 没有警告，$attrs 被传递到 <main> 元素
app.component('custom-layout', {
template: `
<header>...</header>
<main v-bind="$attrs">...</main>
<footer>...</footer>
`
})
```

3. 子组件索引

Vue.js 提供了直接访问子组件的方式，但不建议组件间直接访问各自的实例。可以通过 ref 和 $refs 来实现。ref 用来给元素或子组件注册引用信息，引用信息将会注册在父组件的 $refs 对象上。在普通的 DOM 元素使用，引用指向 DOM 元素；在子组件使用，引用指向组件的实例。$refs 是一个对象，持有已注册过 ref 的所有的子组件。

子页面如代码 4-17 所示。

代码 4-17 子组件索引子页面

```
<template>
  <h3>{{message}}</h3>
</template>
<script>
export default {
  data() {
    return {
      message: ""
    };
  },
  methods: {
    getMessage(m) {
    this.message = m;
    }
  }
};
</script>
```

父页面如代码 4-18 所示。

代码 4-18 子组件索引父页面

```
<template>
 <div>
  <h1> 父组件！</h1>
  <child ref="msg"></child>
 </div>
</template>

<script>
import Child from "./Child.vue";
 export default {
   components: {Child},
   mounted: function () {
    console.log( this.$refs.msg);
    this.$refs.msg.getMessage(' 子组件！')
     }
 }
</script>
```

运行结果如图 4-5 所示。

图 4-5　父子组件关系

技能点 3　内容分发

在实际的一些情况中，子组件往往没有展示的内容，而只提供基础的交互功能，内容及事件由父组件来提供。例如使用 Bootstrap 的模态框（Modal）插件，如图 4-6 所示。

图 4-6　Bootstrap 的模态框

在调用时只希望使用 Modal 的浮层属性，以及显示或者关闭浮层等控制函数，但内容本身则由父组件来决定。对此 Vue.js 提供了一种混合父组件内容与子组件模板的方式，这种方式称之为内容分发。

1. 插槽

Vue.js 参照了当前 Web component 规范草稿，使用 <slot> 元素作为原始内容的插槽。它可以合成组件，如下所示。

```
<todo-button>
Add todo
</todo-button>
```

在 <todo-button> 的模板中，可以添加 <slot> 元素，如下所示。

```
<!-- todo-button 组件模板 -->
<button class="btn-primary">
<slot></slot>
</button>
```

当组件渲染时，将会被替换为"Add Todo"，如下所示。

```
<!-- 渲染 HTML -->
<button class="btn-primary">
Add todo
</button>
```

2. 编译作用域

在深入内容分发之前，需要先明确内容在哪个作用域里编译。如下所示，这里的 item.name 就是一个 slot，但是它绑定的是父组件的数据。

```
<todo-button>
Delete a {{ item.name }}
</todo-button>
```

组件作用域是指父组件模板的内容在父组件作用域内编译，子组件模板的内容在子组件作用域内编译，如代码 4-19 所示。

```
代码 4-19 编译作用域

<div id='app'>
<child-componentv-show="showChild">
```

```
</child-component>
</div>
<script>
const vm= Vue.createApp({})
vm.component(' child-component' ,{
template:<div> 子组件 </div>'
data:{
showChild:true
})
vm.mount('#app')
</script>
```

3. 默认 slot

<slot> 标签允许有一个匿名 slot,不需要有 name 值,作为找不到匹配的内容片段的回退插槽,如果没有默认的 slot,这些找不到匹配的内容片段将被忽略,如代码 4-20 所示。

代码 4-20 默认 slot

```
<anonymous-slot>
// 去除 slot 属性
<div id="content">{{ content }}</div>
<p slot="title">{{ title }}</p>
</anonymous-slot>
// 匿名 slot
<script>
const vm= Vue.createApp({})
vm.component('anonymous-slot', {
template : '<div>
  <div class="title">
    <slot name="title"></slot>
  </div>
  <div class="content">
    <slot></slot>
  </div> \
</div>',
});
</script>
```

此时 id 为"content"的元素为找不到匹配的内容片段,由于在 anonymous-slot 组件中设置了匿名 slot,所以 Vue.js 会把该元素插入到 slot 中,最后输出结果,如代码 4-21 所示。

代码 4-21 输出结果

```
<div>
<div class="title">
    <p slot="title">This is a title</p>
</div>
<div class="content">
    <div>This is the content</div>
</div>
</div>
```

如果将子组件中的匿名 <slot></slot> 替换成 <slot name="content"></slot>，则 #content 元素就直接被忽略了，输出结果为如下。

```
<div>
<div class="title">
    <p slot="title">This is a title</p>
</div>
<div class="content">
</div>
</div>
```

4. 具名 solt

给 <slot> 元素指定一个 name 后可以分发多个内容，具名 solt 可以与单个 solt 共存，如代码 4-22 代码所示。

代码 4-22 具名 solt

```
<div id="app">
<child-component>
<h2 slot="header"> 标题 </h2><p> 正文内容 </p>
<p> 更多的正文内容 </p>
<div slot="footer"> 底部信息 </div>
</child-component>
</div>
<script>
const vm= Vue.createApp({})
vm.component(' child-component' ,{
template: '
<div class=" container">
<div class="header">
<slot name="header"></slot>
```

```
</div>
<div class="main">
<slot></slot>
</div>
<div class="footer">
<slot name="footer"></slot>
</div>
</div>'
) );
vm.mount('#app')
</script>
```

子组件内声明了 3 个 <slot> 元素,其中在 <div class="main"> 内的 <slot> 没有使用 name 特性,它将作为默认 slot 出现,父组件没有使用 slot 特性的元素与内容都将出现在这里。

如果没有指定默认的匿名 slot,父组件内多余的内容片段都将被抛弃。上述例子渲染后的结果如图 4-7 所示。

图 4-7   具名 solt

5. 作用域插槽

作用域插槽是一种特殊的 slot,使用一个可以复用的模板替换已渲染元素,插槽内容可以访问子组件中独有的数据。当一个组件被用来渲染一个项目数组时,可以定义每个项目的渲染方式。例如,有一个组件,包含 cat-items 的列表,如代码 4-23 所示。

代码 4-23 作用域插槽

```
app.component('cat-list', {
  data() {
    return {
      items: [' 喂一只小猫 ', ' 买牛奶 ']
```

```
    }
  },
  template: ` <ul>
    <li v-for="(item, index) in items">
      {{ item }}
    </li>
  </ul> `
})
```

一般需要替换插槽以在父组件上自定义它,如代码 4-24 所示。

代码 4-24 作用域插槽

```
<cat-list>
<i class="fas fa-check"></i>
<span class="green">{{ item }}</span>
</cat-list>
```

因为只有 <todo-list> 组件可以访问 item,将从其父组件提供槽内容。所以要使 item 可用于父级提供的 slot 内容,可以添加一个 <slot> 元素并将其绑定为属性,如代码 4-25 所示。

代码 4-25 作用域插槽

```
<ul>
<li v-for="( item, index ) in items">
<slot :item="item"></slot>
</li>
</ul>
```

绑定在 <slot> 元素上的 Attribute 被称为插槽 Props。现在在父级作用域中,可以使用带值的 v-slot 来定义插槽 Props 的名字,如代码 4-26 所示。

代码 4-26 作用域插槽

```
<todo-list>
<template v-slot:default="slotProps">
<i class="fas fa-check"></i>
<span class="green">{{ slotProps.item }}</span>
</template>
</todo-list>
```

技能点 4　动态组件

Vue.js 支持动态组件，即多个组件可以使用同一挂载点，根据条件来切换不同的组件。使用保留标签 <component>，通过绑定到 is 属性的值来判断挂载哪个组件。这种场景往往运用在路由控制或者 Tab 切换中。

1. 基础用法

通过切换页面的例子说明动态组件的基础用法，如代码 4-29 所示：。

代码 4-29 动态组件的基础用法

```
<div id="app">
// 相当于一级导航栏，点击可切换页面
<ul>
 <li @click="currentView = 'home'">Home</li>
 <li @click="currentView = 'list'">List</li>
 <li @click="currentView = 'detail'">Detail</li>
</ul>
<component :is="currentView"></component>
</div>
<script>
 const vm = Vue.createApp({
   data(){
    return {
     currentView: 'home'
     }
   },
   components: {
   home: {
    template : '<div>Home</div>'
   },
   list: {
    template : '<div>List</div>'
   },
   detail: {
    template : '<div>Detail</div>'
    }
   }
```

```
    });
    vm.mount('#app')
</script>
```

　　component 标签上 is 属性决定了当前采用的子组件，:is 是 v-bind:is 的缩写，绑定了父组件中 data 的 currentView 属性。顶部的 ul 则起到导航的作用，点击即可修改 currentView 值，修改 component 标签中使用的子组件类型。其中 currentView 的值和父组件实例中的 components 属性的 key 相对应，结果如图 4-8 所示。

图 4-8　动态组件的基本用法

2. 钩子函数

　　Vue.js 给组件提供了 activate 钩子函数，作用于动态组件切换或者静态组件初始化的过程中。activate 接受一个回调函数做为参数，使用函数后组件才进行之后的渲染过程，如代码 4-31 所示。

代码 4-31 activate 钩子函数

```
import { onMounted, onUpdated, onUnmounted } from 'vue'
const app = {
  name: "App",
  setup() {
    console.log("1- 开始创建组件 -----setup()");
    const data: DataProps = reactive({
      girls: [" 张三 ", " 李四 ", " 王五 "],
      selectGirl: "",
      selectGirlFun: (index: number) => {
        data.selectGirl = data.girls[index];
      },
    });
    onBeforeMount(() => {
      console.log("2- 组件挂载到页面之前执行 -----onBeforeMount()");
    });
    onMounted(() => {
      console.log("3- 组件挂载到页面之后执行 -----onMounted()");
```

```
  });
  onBeforeUpdate(() => {
    console.log("4- 组件更新之前 -----onBeforeUpdate()");
  });
  onUpdated(() => {
    console.log("5- 组件更新之后 -----onUpdated()");
  });
  const refData = toRefs(data);
  return {
    ...refData,
  };
 },
};
export default app;
```

结果如图 4-9 所示。

```
1 - 开始创建组件---- - setup();
2 - 组件挂载到页面之前执行---- - onBeforeMount();
3 - 组件挂载到页面之后执行---- - onMounted();
4 - 组件更新之前---- - onBeforeUpdate();
5 - 组件更新之后---- - onUpdated();
```

图 4-9　钩子函数

实现首页简单框架

使用组件完成部分应用首页的实现,因为首页中大部分内容都是动态获取的,所以本任务中只使用 Vue 组件实现首页的部分静态框架内容。

内容包括组件头部、菜单栏和页面部分,头部包含登录或注册按钮以及搜索栏和购物车按钮两个子组件;菜单栏为单独组件,包含首页、新书、书籍分类、排行榜和数字内容 5 个标签;页面部分包含图书分类、图片广告、热门推荐三个组件。首页实现如图 4-10 所示。

图 4-10　网站首页布局

1. 实现头部组件

第一步,在 components 目录下创建 HeaderCart.vue 文件,用以编写头部的购物车按钮子组件,如代码 4-32 所示。

代码 4-32　HeaderCart.vue

```
<template>
  <div class="headerCart">
    <a href="javascript:;" @click.prevent="handleCart">
      <span> 购物车 {{ cartCount }}</span>
    </a>
  </div>
</template>
<script>
  export default {
    name:'HeaderCart',
    components: {},
    data(){
      return{
        cartCount:0
      }
    },
    methods: {
      handleCart(){
        //......
      }
```

```
        },
    }
</script>
<style scoped>
.headerCart {
    display: inline-block;
    position: relative;
    text-align: center;
    width: 100px;
    height: 30px;
    margin-top: 20px;
    margin-bottom: 20px;
    cursor: pointer;
    margin-left: 20px;
    background-color:red;
    vertical-align: middle;
}
.headerCart a {
    text-decoration: none;
    color: white;

}
.headerCart a > span{
  position: absolute;
  left: 2px;
  right: 2px;
  bottom: 5px;
}
</style>
```

第二步，在 components 目录下创建 HeaderSearch.vue 文件，用以编写头部的搜索栏子组件，如代码 4-33 所示。

代码 4-32 HeaderCart.vue

```
<template>
  <div class="headerSearch">
      <input type="search" v-model.trim="keyword">
      <button @click="search"> 搜索 </button>
  </div>
</template>
```

```
<script>
  export default {
    name:'HeaderSearch',
    data () {
      return {
        keyword: ''
      };
    },
    methods: {
      search(){
        //......
      }
    },
  }
</script>
<style scoped>
.headerSearch {
    display: inline-block;
    position: relative;
}
.headerSearch input {
    width: 400px;
    height: 30px;
}
.headerSearch button{
    position: absolute;
    right: 0px;
    top: 0;
    width: 60px;
    height: 30px;
    margin: 0;
    border: none;
    color: white;
    background-color: red;
    cursor: pointer;
}
}
</style>
```

第三步,在 components 目录下创建 Header.vue 文件,用以编写头部组件,并在其中引入购物车按钮子组建以及搜索栏子组件，如代码 4-34 所示。

代码 4-34 Header.vue

```
<template>
  <div class="header">
    <HeaderSearch/>
    <HeaderCart/>
    <span v-if="!user"> 你好，请 <a href="/login"> 登录 </a>   免费 <a href="/register"> 注
册 </a></span>
    <span v-else> 欢迎您，{{ user.username }}，<a href="javascript:;" @click="logout"> 退
出登录 </a></span>
  </div>

</template>
<script>
import HeaderSearch from "./HeaderSearch";
import HeaderCart from "./HeaderCart";

export default {
  name: "Header",
  components: {
    HeaderSearch,
    HeaderCart
  },
};
</script>
<style scoped>
.header {
    width: 100%;
}
.header img{
    width: 200px;
    height: 60px;
    margin: auto;
}
.header span{
  margin-left: 20px;
}
```

```
.header a{
    text-decoration: none;
    color: red;
}
</style>
```

2. 实现菜单栏组件

在 components 目录下创建 Menus.vue 文件,用以编写菜单栏组件,如代码 4-35 所示。

代码 4-35 Menus.vue

```
<template>
  <div class="menus">
    <ul>
      <li>
        <a href="/home"> 首页 </a>
      </li>
      <li>
        <a href="/newBooks"> 新书 </a>
      </li>
      <li>
        <a href="javascript:;"> 书籍分类 </a>
      </li>
      <li>
        <a href="javascript:;"> 排行榜 </a>
      </li>
      <li>
        <a href="javascript:;"> 数字内容 </a>
      </li>
    </ul>
  </div>
</template>
<script>
export default {
    name: "Munus",
};
</script>
<style scoped>
.menus {
    position: relative;
```

```css
    width: 100%;
}
a {
    text-decoration: none;
    display: block;
    color: #fff;
    height: 40px;
    line-height: 40px;
    border: solid 1px #fff;
    border-width: 1px 1px 0 0;
    background: #255f9e;
}
li {
    width: 20%;
    list-style-type: none;
    float: left;
    text-align: center;
    position: relative;
}
li a:hover {
    color: #fff;
    background: #ffb100;
}
</style>
```

3. 实现页面部分组件

第一步，在 components 目录下创建 HomeCategory.vue 文件，用以编写页面图书分类组件，组建只包含静态框架，动态内容显示将在后面章节学习，如代码 4-36 所示。

代码 4-36 HomeCategory.vue

```html
<template>
    <div class="category">
        <h3> 图书分类 </h3>
    </div>
</template>
<script>
export default {
    name: "HomeCategory",
};
```

```
</script>
<style scoped>
.category {
    margin-left: 60px;
    margin-top: 10px;
    float: left;
    height: 220px;
    border: solid 1px #ccc;
    width: 15%;
}
</style>
```

第二步，在 components 目录下创建 HomeScrollPic.vue 文件，用以编写图片广告组件，如代码 4-37 所示。

代码 4-37 HomeScrollPic.vue

```
<template>
    <div class="scrollPic">
        <img src="../assets/home.jpg">
    </div>
</template>
<script>
export default {
};
</script>
<style scoped>
.scrollPic {
    width: 610px;
    height: 220px;
    float: left;
    margin: 10px 50px auto 50px;
}
.scrollPic img {
    width: 610px;
    height: 220px;
}
</style>
```

第三步，在 components 目录下创建 HomeBooksHot.vue 文件，用以编写页面热门推荐组件，如代码 4-38 所示。

代码 4-38 HomeBooksHot.vue

```
<template>
  <div class="category">
    <h3> 图书分类 </h3>
  </div>
</template>
<script>
export default {
  name: "HomeCategory",
};
</script>
<style scoped>
.category {
  margin-left: 60px;
  margin-top: 10px;
  float: left;
  height: 220px;
  border: solid 1px #ccc;
  width: 15%;
}
</style>
```

第四步：在 App.vue 根组件中引入头部组件 Header 以及菜单栏组件 Menus，如代码 4-39 所示。

代码 4-39 App.vue

```
<template>
  <div id="app">
    <Header/>
    <Menus/>
  </div>
</template>
<script>
import Header from '@/components/Header.vue'
import Menus from '@/components/Menus.vue'
export default {
  components: {
    Header,
    Menus,
```

```
  },
}
</script>
<style>
#app {
  font-family: Avenir, Helvetica, Arial, sans-serif;
  -webkit-font-smoothing: antialiased;
  -moz-osx-font-smoothing: grayscale;
  text-align: center;
  color: #2c3e50;
  width: 1200px;
}
}
</style>
```

运行项目即可实现图 4-10 的网站首页内容。

本次任务讲解了使用 Vue 组件实现书籍商城首页的简单框架，通过对本次任务的学习，加深了对于 Vue 组件功能的理解，增加了使用组件功能开发应用的熟练度，为未来网站的实现打下了基础。

camelCase	驼峰代
attribute	特性
slot	插槽
modal	模态框
property	所有物

一、选择题

1.Vue 中的组件是（　　　　）。

A. 一个 HTML 元素   B. 可复用的 Vue 实例

C.Vue 实例的一个属性   D. 以上说法都错误

2.Vue 组件中插槽是用哪个（　　　　）。

A. <sot>   B. < template >   C. < div>   D. < component>

3. 在 Vue 中, 组件的使用步骤是（　　　　）

A. 创建组件→注册组件→使用组件

B. 注册组件→创建组件→使用组件

C. 注册组件→初始化组件→创建组件→使用组件

D. 创建组件→注册组件→初始化组件→使用组件

4.Vue 组件注册说法不正确的是（　　　　）

A. 在 Vue 对象定义时, 内部使用 components 属性指定的组件是局部注册

B. 局部注册的组件在其子组件中不可用

C. 全局注册的行为必须在根 Vue 实例（通过 new vue）创建之前发生

D. 以上都不对

5. 定义一个 Vue 组件用（　　　　）

A. Vue.use ()   B. Vue.component ()

C. Vue.data ()   D. Vue.define()

二、简答题

1. 全局注册的书写方法？

2. Props 类型？

项目五　书籍商城注册功能

通过学习组合式 API 基础知识,了解组合式 API 的相关概念,掌握如何使用组合式 API 开发 Vue 应用,具有运用所学的相关知识编写书籍商城注册功能的能力,在任务实现过程中:

- 了解并掌握组合式 API 基础;
- 掌握响应式 API;
- 掌握生命周期钩子注册函数;
- 掌握依赖注入。

【情景导入】

使用 Vue 构建中小型项目前端十分方便,但当项目扩大到需要多名开发人员组成的团队共同开发时,会出现一些问题。比如由于 Vue2.x 版本的 API 强制按选项组织代码,于是随着开发的不断深入,功能不断增加,组件的代码也越来越难以理解。同时也缺乏在多个组件之间提取和重用逻辑的干净且无成本的机制。Vue3.0 新增的组合 API 功能可以在很大程度上解决上述问题,使开发者能更灵活地组织组件代码。

【功能描述】

● 使用组合式 API 实现注册功能。
● 实现用户名查重功能。

技能点 1   组合 API 基础

1. 组合式 API 作用

对于稍大一点的项目,代码的复用是很重要的编程手段,在 Vue2.x 的版本中,复用主要是通过组件来完成的。因为在 Vue 2.x 的版本中 Vue 强制按选项组织代码,数据和数据在一起编写,方法和方法在一起编写,其他属性也是如此,于是一个相对独立的功能被分散到各处,很难区分,提取逻辑进行复用也很麻烦。

在 Vue3.x 中新增了组合式 API 功能,它可以将原来分散在各个选项中的代码集中到一起编写管理,这样每个独立的功能都可以提取称函数,极大地方便了开发者对代码进行复用。

2.setup 函数

Vue3.0 中新增了一个组件选项 setup() 函数,它被作为组件中使用组合 API 的入口函数。setup() 函数在组件实例创建之前,初始 prop 解析之后被调用。在组件的生命周期钩子中,setup() 函数在 beforeCreate 钩子之前被调用。setup() 函数的示例如代码 5-1 所示。

代码 5-1 Demo1.html

```html
<!DOCTYPE html>
<html>
<head>
    <meta charset="UTF-8">
    <title>API Demo1</title>
</head>
<body>
<div id="app">
    <button @click="increment">count 值: {{ state.count }}</button>
</div>
<script src="https://unpkg.com/vue@next"></script>
<script>
    const App = {
        setup() {
            // 为 state 创建一个响应式对象
            const state = Vue.reactive({count: 0});
            function increment() {
                state.count++;
            }
            // 返回一个对象,该对象上的属性可以在模板中使用
            return {
                state,
                increment
            }
        }
    };
    // 创建应用程序实例,该实例提供应用程序上下文
    // 应用程序实例装载的整个组件树将共享相同的上下文
    const app = Vue.createApp(App);
    // 在 id 为 app 的 DOM 元素上装载应用程序实例的根组件
    app.mount('#app');
</script>
</body>
</html>
```

setup() 函数执行完成后可以返回对象,返回对象有两种可用属性:一种是响应式对象,即原始对象创建的代理对象,也就是示例中的 state 对象;一种是函数,也就是示例中的

increment() 函数。在 DOM 模板中,可以直接操作这两种属性,如以下代码所示。

```
<button @click="increment">count 值: {{ state.count }}</button>
```

setup() 函数有两个可选参数:已经被解析的 props 和 context 对象。使用方式如下。

(1)通过被解析的 props 可以访问在其中定义的 prop,如以下代码所示。

```
app.component('PostItem', {
    // 声明 props
    props: ['postTitle'],
    setup(props) {
        console.log(props.postTitle);
    }
})
```

在 setup() 函数中接受的对象是响应式的,当组件获取新的 prop 值时,props 对象会立即更新,这时用户可以调用 watchEffect() 或 watch() 方法监听需要更新的 prop 对象并对更新做出自定义响应,示例如代码 5-2 所示。

代码 5-2 Demo2.html

```
<!DOCTYPE html>
<html>
<head>
<meta charset="UTF-8">
<title>API Demo2</title>
</head>
<script src="https://unpkg.com/vue@next"></script>
<body>
<div id="app">
    <post-item :post-title="title"></post-item>
</div>
<script>
    const app = Vue.createApp({
        data(){
            return {
                title: 'API DEMO'
            }
        }
    });
    app.component('PostItem', {
        // 声明 props
        props: ['postTitle'],
```

```
            setup(props){
                Vue.watchEffect(() => {
                    console.log(props.postTitle);
                })
            },
            template: '<h3>{{ postTitle }}</h3>'
        });
        const vm = app.mount('#app');
</script>
</body>
</html>
```

使用浏览器打开代码 5-2,在浏览器控制台中使用命令更改 vm.title 的属性值,可以看到除了页面中的值会发生改变,控制台中也会响应式地输出相应属性值,效果如图 5-1 所示。

图 5-1　watchEffect 方法示例

需要注意的是,控制台内不能直接修改 props 对象,否则会报错。而在使用响应式 props 编写 setup() 函数时,直接解构 props 对象会使其失去响应性,如下列代码所示。

```
app.component('PostItem', {
        props: ['postTitle'],
        setup({postTitle}){
            Vue.watchEffect(() => {
                // 不再是响应式对象
                console.log(postTitle);
            })
        },
```

```
});
```

如果需要解构 props，可以使用 setup() 函数中的 toRefs() 方法来安全地完成此操作，如下列代码所示。

```
app.component('PostItem', {
        props: ['postTitle'],
        setup(props){
                const { title } = toRefs(props)
                Vue.watchEffect(() => {
                        console.log(title.value);
                })
        },
});
```

由于在执行 setup() 函数时尚未创建组件实例，因此在 setup() 函数内部不能使用 this，这就意味着除了 props 之外，setup() 函数将不能访问组件中声明的包括本地状态、计算属性或方法在内的任何属性，例如下列代码将报错。

```
const contextComp = {
        setup(props) {
                function myFunction(){
                        this // 此处不能使用 this
                }
        }
}
```

（2）setup() 函数的另一种可选参数 context 对象是非响应式的 JavaScript 函数，context 对象非响应式的特性使开发者能够安全地对其使用 ES6 的对象结构语法。它有 3 个公开的组件属性，如以下代码所示。

```
const contextComp = {
        setup(props, context) {
                // Attribute ( 非响应式对象 )
                console.log(context.attrs)
                // 插槽 ( 非响应式对象 )
                console.log(context.slots)
                // 触发事件 ( 方法 )
                console.log(context.emit)
        }
}
```

attrs 和 slots 是有状态的对象，总是随着组件本身的更新而更新，因为其并不具备响应式特性,所以应避免对它们进行解构,并始终以 attrs.x 或 slots.x 的方式引用 property,如以下代码所示。

```
const contextComp = {
        setup(props, {attrs}) {
                function onClick(){
                        console.log(attrs.foo)
                }
        }
    }
```

如果需要对 attrs 或 slots 更改应用作用,那么应该在 onUpdated 生命周期钩子中执行此操作。

技能点 2　响应式 API

组合式 API 中最重要、最核心的部分,是实现响应式功能的 API,下面将介绍主要的一些响应式 API。

1.reactive() 和 watchEffect()

1)reactive() 方法

reactive() 方法可以对 JavaScript 对象创建响应式状态,使用方法如以下代码所示。

```
<script src="https://unpkg.com/vue@next"></script>
<script>
   const state = Vue.reactive({
      count: 0
   })
</script>
```

在单文件组件中,reactive() 方法的使用方式如下。

```
Import { reactive } from 'vue'

const state = Vue.reactive({
   count: 0
})
```

2)watchEffect() 方法

reactive() 方法示例中返回的 state 是一个响应式对象,由于依赖关系的跟踪,state 对象的值改变时,Vue 会使用 watchEffect API 手动或自动更新视图中内容,如代码 5-3 所示。

代码 5-3 Demo3.html

```html
<!DOCTYPE html>
<html>
<head>
  <meta charset="UTF-8">
  <title>Demo3</title>
</head>
<body>
<script src="https://unpkg.com/vue@next"></script>
<script>
  const {reactive, watchEffect} = Vue;
  const state = reactive({
    count: 0
  })
  watchEffect(() => {
    document.body.innerHTML = `count is ${state.count}`
  })
</script>
</body>
</html>
```

在代码 5-3 中，watchEffect() 方法接收一个函数对象作为参数，并立即运行该函数，同时响应式地监听函数的依赖项，并在依赖项发生更改时重新运行该函数。watchEffect() 方法类似于 Vue 2.x 中的 watch 选项，但是它不需要分离监听的数据源和副作用 (修改自身范围外的资源) 回调。组合 API 还提供了一个 watch() 方法，其行为与 Vue 2.x 中的 watch 选项完全相同。

使用浏览器打开代码 5-3，页面中显示内容为 "count is 0"，打开开发者工具，切换到控制台（Console）面板，输入 state.count = 10，页面中内容会同步跟新，如图 5-2 所示。

图 5-2   watchEffect 示例

3）解构响应性状态

使用 ES6 的对象解构语法可以获得响应式对象的属性，如代码 5-4 所示。

代码 5-4 Demo4.html

```html
<!DOCTYPE html>
<html>
<head>
    <meta charset="UTF-8">
    <title>Demo4</title>
</head>
<body>
<div id="app">
    <p>用户姓名：{{name}}</p>
    <p>用户职业：{{profession}}</p>
</div>
<script src="https://unpkg.com/vue@next"></script>
<script>
    const {reactive} = Vue;
    const app = Vue.createApp({
        setup(){
            const user = reactive({
                name: ' 张三 ',
                password: '123 456',
                age: '24',
                profession: ' 律师 ',
                balance:374.10,
            })
            let { name, profession } = user;
            return {
                name,
                profession
            }
        }
    })
    const vm = app.mount('#app');
</script>
</body>
</html>
```

该种解构方式会使解构的属性失去其响应性，使用浏览器中打开代码 5-4，打开开发者工具,切换到控制台(console)面板,输入"vm.name = ' 李四 '",页面中内容并未改变,如图 5-3 所示。

图 5-3 解构失去响应性示例

为了解决这种问题,Vue 提供了 toRefs() 与 toRef() 两种方法。

toRefs() 方法会将响应式对象转换为一组 ref,这些 ref 将保留到源对象的响应式连接处,这样就将响应式对象转换为普通对象,转换后对象上的每个属性都是指向原始对象中相应属性的 ref。

修改代码 5-4,修改后代码如下所示。

```
const {reactive,toRefs} = Vue;
    const app = Vue.createApp({
        setup(){
            const user = reactive({
                name: ' 张三 ',
                password: '123456',
                age: '24',
                profession: ' 律师 ',
                balance:374.10,
            })
            let { name, profession } = toRefs(user);
            return {
                name,
                profession
            }
        }
    })
```

使用浏览器中打开修改后代码,在控制台(console)面板中输入"vm.name = ' 李四 '",页面中内容也随之更新,如图 5-4 所示。

图 5-4　toRefs 方法示例

　　toRef() 方法会为响应式源对象的某个属性创建 ref，该 ref 会保持对源属性的响应性连接，这样就可以实现解构后保持属性响应性，修改代码 5-4，修改后代码如下所示。

```
const {reactive,toRef} = Vue;
    const app = Vue.createApp({
        setup(){
            const user = reactive({
                name: ' 张三 ',
                password: '123456',
                age: '24',
                profession: ' 律师 ',
                balance:374.10,
            })
            const name = toRef(user,'name');
            const profession = toRef(user,'profession');
            return {
                name,
                profession
            }
        }
    })
```

　　使用浏览器中打开修改后代码，测试后可发现视图随着属性的变化而变化。在实际项目中，toRef() 方法主要用于将一个 prop 的 ref 传递给组合函数，代码如下所示。

```
export default {
        setup(props){
            useSomeFeature(toRef(props,'foo'))
        }
    }
```

4）watchEffect() 函数高级应用

当 watchEffect() 函数在组件的 setup() 函数或生命周期钩子中被调用时,监听器（watcher）被链接到组件的生命周期中,并在组件卸载时自动停止。在其他情况下,watchEffect() 函数返回一个停止句柄,可以调用该句柄显式地停止监听器,代码如下所示。

```
const stop = watchEffect(() => {
      /* ...... */
  })
  // 调用 stop() 函数停止监听
  stop()
```

有时, watchEffect() 函数将执行异步 effect 函数（即副作用）,当它失效时,需要清除这些副作用。例如,在副作用完成之前状态发生了改变,watchEffect() 函数可以接收一个 onInvalidate() 函数,该函数可用于注册一个无效回调,无效回调将在以下两种情况发生时被调用。

（1）副作用再次运行。

（2）监听器被停止。例如,如果在组件的 setup() 函数或生命周期钩子中使用 watchEffect() 函数,则当组件被卸载时停止。

示例代码如下所示。

```
watchEffect(onInvalidate => {
        const token = performAsyncOperation(id.value)
        onInvalidate(() => {
            //id 被更改或监听器停止时取消挂起的异步操作
            token.cancel()
        })
    })
```

在执行数据抓取时,effect 函数通常是异步函数,示例代码如下所示。

```
const data = ref(null)
    watchEffect(async() => {
        // 在 Promise 解析之前注册清理函数
        onInvalidate(() => { ... })
        data.value = await fetchData(props.id)
    })
```

　　异步函数隐式地返回一个 Promise，但是清理函数需要在 Promise 解析之前立即注册。此外，Vue 依赖返回的 Promise 来自动处理 Promise 链中的潜在错误。

　　开发者自定义的 effect() 函数在执行排队时，总是在所有组件更新 effect() 函数之后才进行调用，如代码 5-5 所示。

代码 5-5　Demo5.html

```html
<!DOCTYPE html>
<html>
<head>
    <meta charset="UTF-8">
    <title>Demo5</title>
</head>
<body>
<div id="app">
    count is {{ count }}
</div>
<script src="https://unpkg.com/vue@next"></script>
<script>
    const {ref, watchEffect} = Vue;
    const vm = Vue.createApp({
        setup(){
            const count = ref(0);
            watchEffect(() => {
                console.log(count.value);
            })
            return {
                count
            }
        }
    }).mount('#app');
</script>
</body>
</html>
```

　　代码第一次运行时会在控制台中输出 count 值，当 count 值更新后，传入 watchEffect() 方法的回调函数会在组件更新后被调用。

　　在一些需要同步或在组件更新之前运行 effect() 函数的情况中，可以给 watchEffect() 方法传递一个附加的选项对象，在选项对象中使用 flush 选项，该选项的默认值为 post，即在组件更新后再次运行监听的 effect() 函数，示例代码如下所示。

```
// 同步触发
watchEffect(() => {
        /*......*/
        },
        {
            flush: 'sync'
        }
)
// 在组件更新之前触发
watchEffect(() => {
        /*......*/
        },
        {
            flush: 'pre'
        }
    )export default {
    name: 'App',
    components: {
        HelloWorld
    }
};
</script>
```

2.ref()

Vue 中为 JavaScript 原始对象创建响应式代理的方法有两种：一种是上一小节所讲的，调用 reactive() 方法为该对象创建响应式代理对象；另一种是使用 ref() 方法，该方法接受一个内部值，返回一个响应式且可变的 ref 对象，返回的对象只有一个 value 属性，该属性指向接收的内部值。

ref() 方法内部 value 属性的示例如代码 5-6 所示。

代码 5-6 Demo6.html

```
<!DOCTYPE html>
<html>
<head>
    <meta charset="UTF-8">
    <title>Demo6</title>
</head>
<body>
```

```
<script src="https://unpkg.com/vue@next"></script>
<script>
  const {ref, watchEffect} = Vue;
  const state = ref('Hello World')
  watchEffect(() => {
    document.body.innerHTML = `${state.value}`
  })
</script>
</body>
</html>
```

　　上例中，state 对象为 ref() 方法创建的响应式 ref 对象，取值需要访问 state 对象的 value 属性。想要在浏览器中使用控制台工具修改视图输出内容，也需要修改 state.value 的值，而不是修改 state 对象，如图 5-5 所示。

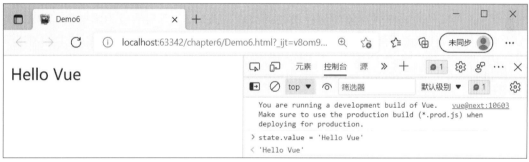

图 5-5　ref 方法示例

　　当 ref 对象作为渲染上下文的属性返回，并且在模板中访问时，它将自动成为内部值，不需要在模板中添加 .value，代码 5-7 是从 setup 返回的 ref 对象。

代码 5-7 Demo6.html

```
<!DOCTYPE html>
<html>
<head>
  <meta charset="UTF-8">
  <title>Demo6</title>
</head>
<body>
<div id="app">
  <span>{{ count }}</span>
  <button @click="count ++">Increment count</button>
</div>
<script src="https://unpkg.com/vue@next"></script>
```

```
<script>
  const {ref} = Vue;
  const app = Vue.createApp({
    setup(){
      const count = ref(0);
      return {
        count
      }
    }
  })
  app.mount('#app')
</script>
</body>
</html>
```

当 ref 对象作为响应式对象的属性被访问或者修改时,它会自动成为内部值,其行为类似于普通属性,代码如下所示。

```
const {ref,reactive} = Vue;
const count = ref(0)
const state = reactive({
    count
})
console.log(state.count)   // 控制台中输出值为 0
state.count = 1
console.log(count.value) // 控制台中输出值为 1
```

当一个新的 ref 对象被赋值给一个链接到现有 ref 的属性时,它将替换后者,示例代码如下所示。

```
const {ref,reactive} = Vue;
const count = ref(0)
const state = reactive({
    count
})
const otherCount = ref(1)
state.count = otherCount
console.log(state.count)   // 控制台中输出值为 1
console.log(count.value) // 控制台中输出值为 0
```

ref 对象展开成为内部值仅发生在嵌套在响应式对象内时,如果从数组或本地集合中访问 ref 对象,则不会进行展开,示例代码如下所示。

```
/* 数组中访问 ref */
const {ref,reactive} = Vue;
const count = ref(0)
const state = reactive(
    [count]
)
console.log(state[0])    // 控制台中输出值为 ref 对象
console.log(state[0].value) // 控制台中输出值为 0

/* 本地集合中访问 ref */
const {ref,reactive} = Vue;
const count = ref(0)
const state = reactive(
    new Map([['count',count]])
)
console.log(state.get('count'))    // 控制台中输出值为 ref 对象
console.log(state.get('count').value) // 控制台中输出值为 0
```

3.readonly()

readonly() 方法可以为传入其中的原始对象创建一个只读代理对象。在实际项目中,对于某些响应式对象(reactive 或 ref),开发者既希望跟踪它们,又希望阻止应用程序的某个位置对它进行更改,这时可以为它创建一个只读代理对象进行跟踪操作,示例如代码 5-8 所示。

代码 5-8 Demo7.html
```
<!DOCTYPE html>
<html>
<head>
    <meta charset="UTF-8">
    <title>Demo7</title>
</head>
<body>
<script src="https://unpkg.com/vue@next"></script>
<script>
    const {reactive,readonly} = Vue;
    const state = reactive({
        count: 0
    })
    const copy = readonly(state)
```

```
    state.count++
    console.log(state.count)
    copy.count++
    console.log(copy.count)
</script>
</body>
</html>
```

使用浏览器打开代码 5-8,效果如图 5-6 所示。在浏览器控制台中可以看到,改变 state 会触发依赖 copy 的观察者,使 copy 的值也随之改变。而尝试改变 copy 的值不会产生任何效果,并且会在控制台中触发警告。

图 5-6 readonly 方法示例

4.computed()

computed() 方法与 computed 选项作用相仿,都是用于创建计算属性。computed() 方法接收一个 getter 函数,并为该函数返回的值发回一个不可变的响应式 ref 对象,示例如代码 5-9 所示。

代码 5-9 Demo8.html

```
<!DOCTYPE html>
<html>
<head>
    <meta charset="UTF-8">
    <title>Demo8</title>
</head>
<body>
<div id="app">
    <p> 原始字符串 : {{ message }}</p>
    <p> 反转字符串 : {{ reversedMessage }}</p>
</div>
<script src="https://unpkg.com/vue@next"></script>
```

```
<script>
    const {ref, computed} = Vue;
    const vm = Vue.createApp({
        setup(){
            const message = ref('Hello World');
            const reversedMessage = computed(() =>
                message.value.split('').reverse().join('')
            );
            return {
                message,
                reversedMessage
            }
        }
    }).mount('#app');
</script>
</body>
</html>
```

　　computed() 方法可以接收带有 get() 和 set() 函数的对象，并为该对象创建一个可写的 ref 对象，示例如代码 5-10 所示。

代码 5-10 Demo9.html

```
<!DOCTYPE html>
<html>
<head>
    <meta charset="UTF-8">
    <title>Demo9</title>
</head>
<body>
<div id="app">
    <p>First name: <input type="text" v-model="firstName"></p>
    <p>Last name: <input type="text" v-model="lastName"></p>
    <p>{{ fullName }}</p>
</div>

<script src="https://unpkg.com/vue@next"></script>
<script>
    const {ref, computed} = Vue;
    const vm = Vue.createApp({
```

```
    setup(){
        const firstName = ref('Isaac');
        const lastName = ref('Newton');
        const fullName = computed({
            get: () => firstName.value + ' ' + lastName.value,
            set: val => {
                let names = val.split(' ')
                firstName.value = names[0]
                lastName.value = names[names.length - 1]
            }
        });
        return {
            firstName,
            lastName,
            fullName
        }
    }
}).mount('#app');
</script>
</body>
</html>
```

5.watch()

watch() 方法与选项式 API this.$watch 以及相应的 watch 选项作用相仿。watch() 可以侦听特定的数据源,并在单独的回调函数中执行副作用。在默认情况下,watch() 方法是惰性的,也就是回调仅在侦听源发生变化时被调用。

与 watchEffect() 相比,watch() 方法有以下作用:

(1) 惰性地执行副作用;

(2) 更具体地说明触发侦听器重新运行的状态;

(3) 访问被侦听状态的先前值和当前值;

watch() 方法侦听的数据源可以是一个具有返回值的 getter 函数,也可以直接是一个 ref 对象,代码如下所示。

```
// 侦听一个 getter
const state = reactive({ count: 0 })
watch(
  () => state.count,
  (count, prevCount) => {
```

```
    /* ... */
  }
)

// 直接侦听一个 ref
const count = ref(0)
watch(count, (count, prevCount) => {
  /* ... */
})
```

watch() 方法还可以使用数组，以便于同时侦听多个数据源，代码如下所示。

```
watch([fooRef, barRef], ([foo, bar], [prevFoo, prevBar]) => {
  /* ... */
})
```

watch() 方法与 watchEffect() 在手动停止侦听、清除副作用（将 onInvalidate 作为第三个参数传递给回调）、刷新时机和调试方面有相同的行为。

技能点 3　生命周期钩子注册函数

生命周期钩子在组合式 API 中有其相对应的注册函数，这些注册函数只能在 setup() 执行期间同步使用，因为它们依赖内部全局状态定位当前活动实例（setup() 方法正在被调用的组件实例）。在没有当前活动实例的情况下调用它们将导致错误。组件实例上下文也是在生命周期钩子的同步执行期间设置的，因此在生命周期钩子内同步创建的监听器和计算属性也会在组件卸载时被自动删除。

生命周期钩子选项与其注册函数的对应关系如表 5-1 所示。

表 5-1　生命周期与组合 API 对应关系

生命周期选项	组合 API
beforeCreate	无 onXxx() 函数对应 使用时被 setup() 取代
created	
beforeMount	onBeforeMount
mounted	onMounted
beforeUpdate	onBeforeUpdate
updated	onUpdated
beforeUnmount	onBeforeUnmount

续表

生命周期选项	组合 API
unmounted	onUnmounted
errorCaptured	onErrorCaptured
renderTracked	onRenderTracked
renderTriggered	onRenderTriggered
activated	onActivated
deactivated	onDeactivated

从表中可以看出，生命周期钩子注册函数就是其选项名首字母大写并添加"on"前缀，在 setup() 方法中使用生命周期钩子注册函数的示例如代码 5-11 所示。

代码 5-11 Demo10.html

```html
<!DOCTYPE html>
<html lang="en">
<head>
    <meta charset="UTF-8">
    <title>Demo10</title>
</head>
<body>
<div id="app">
    <button @click="increment">count 值: {{ state.count }}</button>
</div>
<script src="https://unpkg.com/vue@next"></script>
<script>
  const {reactive,onMounted,onBeforeMount,onUpdated,} = Vue;
  const vm = Vue.createApp({
      setup() {
          onMounted(() => {
              console.log('Component is mounted!')
          })
          onBeforeMount(() => {
              console.log('Component is beforeMount!')
          })
          onUpdated(() => {
              console.log('Component is updated!')
          })
          const state = reactive({count: 0});
```

```
        function increment() {
            state.count++;
            console.log("count 值改变 ")
        }
        return {
            state,
            increment
        }
    }
 }).mount('#app');
</script>
</body>
</html>
```

使用浏览器打开代码 5-11,打开浏览器控制台,可以看到 onBeforeMount 和 onMounted 函数先后执行,点击按钮执行 increment(),onUpdated() 函数在数据更新后执行,效果如图 5-7 所示。

图 5-7　生命周期钩子注册函数示例

技能点 4　依赖注入

在组合式 API 中可以使用 provide() 和 inject() 方法来实现父子组件间的依赖注入功能,两者都只能在当前活动实例的 setup() 期间调用,使用方法如代码 5-12 所示。

代码 5-12 Demo11.html
<!DOCTYPE html>
<html>
<head>

```html
    <meta charset="UTF-8">
    <title></title>
</head>
<body>
<div id="app">
    <parent></parent>
</div>

<script src="https://unpkg.com/vue@next"></script>
<script>
const {provide, inject, ref, onMounted} = Vue;

    const msgKey = Symbol();
    const helloKey = Symbol();
    app.component('parent', {
        setup(){
            const msg = ref('Hello World');
            const sayHello = function (name){
                    console.log("Hello, " + name);
                }
                // provide 方法需要指定一个 Symbol 类型的 key，
            provide(msgKey, msg);
            provide(helloKey, sayHello);
            return {
                msg
            }
        },
        template: '<child/>'
    })
    app.component('child', {
        setup(){
            // inject 方法接受一个可选的默认值作为第二个参数，
            // 如果没有提供默认值，并且在 provide 上下文中未找到该属性，则 inject 返
// 回 undefined。
            const message = inject(msgKey, ref('VC++ 深入详解 '));
            const hello = inject(helloKey);
            onMounted(() => hello('zhangsan'));
```

```
        return{
            message
        }
    },
    // 当自身的数据属性来访问
    template: '<p>{{message}}</p>'
    })
    const vm = app.mount('#app')
</script>
</body>
</html>
```

实现注册功能

　　注册功能经常会用到用户的一些重要信息，例如真实姓名、手机号等。在运行相应的系统，获取用户的隐私信息时应该遵守信息道德规范，确保信息安全，保障信息的传输，杜绝盗用用户信息的违法行为。

　　编写书籍商城注册页面组件，并使用组合式 API 实现注册功能，注册页面效果如图 5-8 所示。

图 5-8　注册页面效果

    在 components 文件夹下创建 UserRegister.vue 文件，文件中编写注册组件，并使用组合式 API 实现注册功能，其中用到的 vue-router、vuex、axios 插件，会在后续章节中具体讲解，注册组件代码如 5-13 所示。

代码 5-13 UserRegister.vue

```
<template>
  <div class="register">
    <form>
      <div class="lable">
        <label class="error">{{ message }}</label>
        <input name="username"
          type="text"
          v-model="username"
          placeholder=" 请输入用户名 " />
        <input
          type="password"
          v-model.trim="password"
          placeholder=" 请输入密码 " />
        <input
          type="password"
          v-model.trim="password2"
          placeholder=" 请输入确认密码 " />
        <input
          type="tel"
          v-model.trim="mobile"
          placeholder=" 请输入手机号 " />
      </div>
      <div class="submit">
        <input type="submit" @click.prevent="register" value=" 注册 " />
      </div>
    </form>
  </div>
</template>

<script>
import {ref,watch} from 'vue';
// 使用 import 引入 vue-router、vuex、axios 插件
import {useRouter} from 'vue-router';
import {useStore} from 'vuex'
```

```
import axios from 'axios';
export default {
    name: "UserRegister",
    props: [""],
    setup(context){
        const username = ref("")
        const password = ref("")
        const password2 = ref("")
        const mobile = ref("")
        const message = ref("")
        const cancel = ref("")
        // 创建 vue-router 实例
        const router = useRouter()
        // 创建 vuex 中 store 实例
        const store = useStore()

        // 检查用户名是否存在
        watch(username,(newValue,)=>{
                if (newValue) {
                    // 取消上一次请求
                    cancelRequest;
                    // axios 是本项目重要插件,用于向后端发送 get 请求,该插件会在后续章
// 节中具体讲解
                    axios
                        .get("/user/" + newValue, {
                            // 当用户名重复时,CancelToken 会中止当前页面发送请求
                            cancelToken: new axios.CancelToken(function executor(c){
                                cancel.value = c;
                            })
                        })
                        .then(response => {
                            // 如用户名存在,响应数据为 {"code":200,"data":true}
                            // 如用户名不存在,响应数据为 {"code":200,"data":false}
                            if (response.data.code == 200) {
                                let isExist = response.data.data;
                                if (isExist) {
                                    message.value = " 该用户名已经存在 ";
                                }else{
```

```
                        message.value = "";
                    }

                }
            })
            .catch(error => {
                if (axios.isCancel(error)) {
                    // 如果请求被取消产生了错误，输出错误原因
                    console.log(" 请求取消：", error.message);
                } else {
                    // 处理错误
                    console.log(error);
                }
            });
        }
    }
)
// 检查注册字段是否都填写全
    const checkForm = function (){
        if(!username.value || !password.value || !password2.value || !mobile.value){
            context.$msgBox.show({title: " 所有字段不能为空 "});
            return false;
        }
        if(password.value !== password2.value){
            context.$msgBox.show({title: " 密码和确认密码必须相同 "});
            return false;
        }
        return true;
    }


    // 用户注册方法
    const register = function (){
        message.value = ';
        if(!checkForm)
            return;
        // 使用 axios 插件向服务端发送请求进行注册并获取响应
        axios.post("/user/register",
            {username: username.value, password: password.value, mobile: mobile.value})
```

```
            .then(response => {
                if(response.data.code === 200){
                    // 调用方法将用户数据保存到 vuex 中进行统一管理
                    saveUser(response.data.data)
                    username.value = '';
                    password.value = '';
                    password2.value = '';
                    mobile.value = '';
                    // 使用 vue-router 路由功能将页面路由到主页
                    router.push("/");
                }else if(response.data.code === 500){
                    message.value = " 用户注册失败 ";
                }
            })
            .catch(error => {
                alert(error.message)
            })
    }

    const cancelRequest = function (){
        if (typeof cancel.value === "function") {
            cancel.value(" 终止请求 ");
        }
    }
}
// 应用 vuex 进行用户状态统一管理,会在后续章节中进行介绍
// 调用 user.js 中的 saveUser 方法用以提交 mutation 存储 user 对象到 vuex 中
const saveUser = function (user){
    store.commit("user/saveUser",user)
}

return{
    register,
    username,
    password,
    password2,
    mobile,
    message,
}
```

```
  },
};
</script>
<style scoped>
.register {
    margin: 5em auto 0;
    width: 44%;


}

.register input {
    padding: 15px;
    width: 94%;
    font-size: 1.1em;
    margin: 18px 0px;
    color: gray;
    float: left;
    cursor: pointer;
    font-family: "HelveticaNeue", "Helvetica Neue", Helvetica, Arial, sans-serif;
    outline: none;
    font-weight: 600;
    margin-left: 3px;
    background: #eee;
    transition: all 0.3 s ease-out;
    border: solid 1px #ccc;
}

.register input:hover {
    color: rgb(180, 86, 9);
    border-left: solid 6px #40 A46 F;
}

.register .submit {
    padding: 5px 4px;
    text-align: center;
}
.register input[type="submit"] {
    padding: 17px 17px;
```

```
    color: #fff;
    float: right;
    font-family: "HelveticaNeue", "Helvetica Neue", Helvetica, Arial, sans-serif;
    background: #40a46f;
    border: solid 1px #40a46f
    cursor: pointer;
    font-size: 18px;
    transition: all 0.5 s ease-out;
    outline: none;
    width: 100%;
}

.register .submit input[type="submit"]:hover {
    background: #07793 d;
    border: solid 1px #07793 d;
}
.register .error{
    color: red;
    font-weight: bold;
    font-size: 1.1em;
}
</style>
```

　　本次任务讲解了使用组合式 API 实现书籍商城注册功能,通过对本次任务的学习,掌握了对于使用组合 API 完成应用功能编写的过程,加深了组合式 API 的理解,为以后应用的编写打下基础。

increment　　　　　　　　　　　　　　　　　　增加

effect	影响
reactive	反应的
promise	保证
deactivate	使无效

一、选择题

1. setup() 函数在什么时候被调用（　　　）。

A. beforeCreate 钩子之前 　　　　　　　　　B. beforeCreate 钩子之后

C. created 钩子之前 　　　　　　　　　　　　D. beforeMount 之前

2. setup() 函数执行完成后可以返回（　　　）。

A. 非响应式对象　　　　　B. 函数　　　　　C. 属性值　　　　　D. 只读对象

3. 下列有关 props 对象说法错误的是（　　　）。

A. 解构 props 对象会使其失去响应性

B. 通过被解析的 props 可以访问在其中定义的 prop

C. 可以在控制台内直接修改 props 对象

D. 可以使用 toRefs() 来解构 props 对象

4. 下列有关于 Vue API 说法错误的是（　　　）。

A. reactive() 方法可以对 JavaScript 对象创建响应式状态

B. watchEffect() 可以监听函数的依赖项

C. readonly() 方法可以为传入其中的原始对象创建一个只读代理对象

D. ref() 方法可以接受一个内部值并返回一个它的代理对象

二、简答题

1. 如何安全地解构 props 对象？

项目六　书籍商城服务端通信

通过学习 axios，了解 axios 的基础应用，掌握 axios 的配置方法，掌握如何使用 axios 向服务端发送请求并处理相应，具有运用所学的相关知识编写书籍商城服务端通信的能力，在任务实现过程中：

- 了解 axios 的基本功能；
- 掌握 axios 的配置方法；
- 掌握 axios API 的使用；
- 掌握 axios 拦截器配置方法。

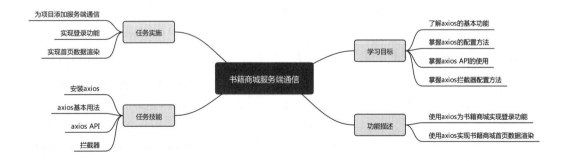

【情景导入】

在前后端分离的应用程序项目中,前端需要根据用户的操作,向后端服务器发送请求来获取用户想要的数据,并在前端渲染展示出来。Vue 本身并不支持向服务器发送请求的功能,这时就需要用到 vue-resource、axios 等插件来实现该功能。

【功能描述】

● 使用 axios 为书籍商城实现登录功能。
● 使用 axios 实现书籍商城首页数据渲染。

技能点 1 安装 axios

axios 是一个基于 Promise 的 HTTP 库,它被用于在浏览器中发送 XMLHttpRequests 请求,或在 Node.js 中发送 HTTP 请求。axios 可以拦截请求和响应并对它们的数据进行转换,它可以根据开发者的需要在某些情况下取消请求,同时它还支持 Promise API,使开发者可以更便捷地编写程序和处理请求。

使用 NPM 安装 axios,代码如下所示。

```
npm install axios
```

使用 YARN 安装 axios,代码如下所示。

```
yarn add axios
```

使用 CDN 方式安装 axios,代码如下所示。

```
<script src="https://unpkg.com/axios/dist/axios.min.js"></script>
```

在 Vue 的模块化项目中使用 axios,可以结合 vue-axios 插件同时使用,该 Vue 插件将

axios 集成到 Vue.js 的轻度封装中，本身不能独立使用。可以使用 NPM 命令同时安装 axios 和 vue-axios 插件，代码如下所示。

```
npm install axios vue-axios
```

安装 axios 和 vue-axios 插件后，在项目中使用的代码如下。

```
import { createApp } from 'vue'
import App from './App.vue'
import axios from "axios"
import VueAxios from "vue-axios"


const app = createApp(App)
app.use(VueAxios,axios)
app.mount('#app')
```

如果使用全局 script 标签手动加载，则无须使用 Vue.use() 进行安装。

技能点 2　axios 基本用法

1. get、post 方法

axios 最基本的功能就是向后端发送 get 请求和 post 请求，发送 get 请求的代码如下所示。

```
// 为指定 ID 的 user 创建请求
axios.get('/user?id=56')
  .then(function (response) {
    console.log(response);
  })
  .catch(function (error) {
    console.log(error);
  });
```

axios 的 get() 方法参数为目标 URL 地址，如果 get() 方法需要发送参数数据，可以用查询字符串的形式将数据添加到 URL 后方进行发送。

当服务端成功响应 get() 方法（响应状态码：2xx）并返回数据时，可以调用 then() 方法中的回调函数对返回数据进行处理。当服务端响应失败时，可以调用 catch() 方法中的回调函数处理服务端返回的错误信息来对用户进行提示。

除了在 URL 地址中附带参数数据，axios 的 get() 方法还可以传递一个配置对象作为参数来向服务端发送数据，在配置对象中使用 params 参数来指定要发送的数据，该种方式代码如下所示。

```
axios.get('/user', {
    params: {
        id: 56
    }
})
.then(function (response) {
    console.log(response);
})
.catch(function (error) {
    console.log(error);
});
```

或可以使用 ES2017 的 async/await 执行异步请求,代码如下所示。

```
async function getUser(){
    try{
        const response = await axios.get('user?id=56');
        console.log(response);
    }catch (error){
        console.error(error)
    }
}
```

axios 的 post() 方法可以传入一个或多个对象参数,作为 post 请求发送的数据,方法代码如下所示。

```
axios.post('/user', {
    name: 'LiMing',
    profession: 'teacher'
})
    .then(function (response) {
        console.log(response);
})
    .catch(function (error) {
        console.log(error);
});
```

使用 post() 方法执行多个并发请求的方法如下所示。

```
function getUserAccount() {
  return axios.get('/user/56');
}

function getUserPermissions() {
  return axios.get('/user/56/permissions');
}

axios.all([getUserAccount(), getUserPermissions()])
  .then(axios.spread(function (acct, perms)
  // 两个请求现在都执行完成
  // 获得 getUserAccount() 方法的响应结果
  const acct = results[0];
  // 获得 getUserPermissions () 方法的响应结果
  const perm = results[1];
}));
```

2. 处理响应信息

　　接收到服务端的响应信息后,需要对响应信息进行处理。例如,设置用于组件渲染或更新所需要的数据。回调函数中的 response 是一个对象,该对象常用的属性是 data 和 status,前者用于获取服务端发回的响应数据,后者是服务端发送的 HTTP 状态代码。response 对象的完整属性如下所示。

```
{
  // 'data' 服务器发送回的响应数据
  data: {},

  // 'status' 服务器发送回的响应状态码
  status: 200,

  // 'statusText' 服务器发送回的响应状态信息
  statusText: 'OK',

  // 'headers' 服务器响应的消息报头
  headers: {},

  // 'config' 为请求提供的配置信息
  config: {},
```

```
// 'request' 生成此响应的请求
request: {}
}
```

响应成功后，使用 then() 方法获取响应数据的方式如以下代码所示。

```
axios.get('/user?id=56')
    .then(function (response) {
        if(response.status == 200){
        // 处理响应中各项数据
            console.log(response.data);
            console.log(response.status);
            console.log(response.statusText);
            console.log(response.headers);
            console.log(response.config);
        }
    })
    .catch(function (error) {
        console.log(error);
    }
});
```

如果响应失败，服务器会调用 catch() 方法中的回调函数，并向该回调函数传递一个 error 错误对象，从该对象处获取数据的方法如以下代码所示。

```
axios.get('/user?id=56')
    .then(function (response) {
        ……
    })
    .catch(function (error) {
        if(error.response){
        // 收到服务端响应,但响应状态码不是 2XX
            console.log(error.response.data);
            console.log(error.response.status);
            console.log(error.response.headers)
        }else if (error.request){
        // 请求已发送,但未收到响应
            console.log(error.request);
        }else {
        // 在设置请求时出现问题而引发的错误
            console.log('Error',error.message);
```

```
        }
        console.log(error.config);
    });
```

技能点 3　axios API

1.axios API 基础

可以通过向 axios 对象传入配置参数来创建请求，axios 对象创建基本方法如下。

```
axios(config)
axios(url[, config])
```

通过传入配置参数的方式发送 get() 方法的代码如下所示。

```
// 从互联网中获取图片
axios({
    method:'get',
    url:'http://xtgov.net/image,
    responseType:'stream'
})
    .then(function(response) {
    response.data.pipe(fs.createWriteStream('sea.jpg'))
});
```

通过传入配置参数的方式发送 post() 方法的代码如下所示。

```
axios({
    method: 'post',
    url: '/user/56',
    data: {
        name: 'ZhuHuan',
        profession:'police'
    }
});
```

为了方便使用，axios 为所有支持的请求方法提供了别名，这些别名方法在使用时，url、method、data 属性都不是必需在配置中指定的，别名分别有：axios.request(config)、axios.get(url[, config])、axios.delete(url[, config])、axios.head(url[, config])、axios.options(url[, config])、axios.post(url[, data[, config]])、axios.put(url[, data[, config]]) 和 axios.patch(url[, data[, config]])。

2. 请求 config

在 axios API 中,可以传入配置对象 config 来设置请求选项,常用的设置有 url、method、headers、params 等,其中只有 url 是必须的。config 中可以配置的全部选项如以下代码所示。

```
// 'url' 是用于请求的服务器 URL
url: '/user',

// 'method' 发送请求时使用的请求方法
method: 'get', // 默认值

// 'baseURL' 将自动加在 'url' 前面,除非 'url' 是一个绝对 URL。
// 它可以通过设置一个 'baseURL' 便于为 axios 实例的方法传递相对 URL
baseURL: 'https://some-domain.com/api/',

// 'transformRequest' 允许在向服务器发送前,修改请求数据
// 只能用在 'PUT', 'POST' 和 'PATCH' 这几个请求方法
// 后面数组中的函数必须返回一个字符串,或 ArrayBuffer,或 Stream
transformRequest: [function (data, headers) {
    // 对 data 进行任意转换处理
    return data;
}],

// 'transformResponse' 在传递给 then/catch 前,允许修改响应数据
transformResponse: [function (data) {
    // 对 data 进行任意转换处理
    return data;
}],

// 'headers' 是即将被发送的自定义请求头
headers: {'X-Requested-With': 'XMLHttpRequest'},

// 'params' 是即将与请求一起发送的 URL 参数
// 必须是一个无格式对象 (plain object) 或 URLSearchParams 对象
params: {
```

```
    ID: 12 345
},

 // 'paramsSerializer' 是一个负责将 'params' 序列化的函数
paramsSerializer: function(params) {
    return Qs.stringify(params, {arrayFormat: 'brackets'})
},

// 'data' 是作为请求主体被发送的数据
// 只适用于这些请求方法 'PUT', 'POST', 和 'PATCH'
// 在没有设置 'transformRequest' 时，必须是以下类型之一：
// - string, plain object, ArrayBuffer, ArrayBufferView, URLSearchParams
// - 浏览器专属：FormData, File, Blob
// - Node 专属：Stream
data: {
    firstName: 'Fred'
},

// 'timeout' 指定请求超时的毫秒数 (0 表示无超时时间 )
// 如果请求话费了超过 'timeout' 的时间，请求将被中断
timeout: 1000,

 // 'withCredentials' 表示跨域请求时是否需要使用凭证
withCredentials: false, // 默认值

// 'adapter' 允许自定义处理请求，以使测试更轻松
// 返回一个 promise 并应用一个有效的响应
adapter: function (config) {
    /* ... */
},

 // 'auth' 表示应该使用 HTTP 基础验证，并提供凭据
// 这将设置一个 'Authorization' 头，覆写掉现有的任意使用 'headers' 设置的自定义
'Authorization' 头
auth: {
    username: 'janedoe',
    password: 's00pers3cret'
},
```

// ‘responseType’ 表示服务器响应的数据类型, 可以是 'arraybuffer', 'blob', 'document',
'json', 'text', 'stream'

responseType: 'json', // 默认值

// ‘responseEncoding’ 表示用于解码相应数据的编码
// 对于 stream 响应类型将被忽略
responseEncoding: 'utf8', // 默认值

// ‘xsrfCookieName’ 是用作 xsrf token 的值的 cookie 的名称
xsrfCookieName: 'XSRF-TOKEN', // default

// ‘xsrfHeaderName’ 是携带 xsrf token 值的 HTTP 报头名字
xsrfHeaderName: 'X-XSRF-TOKEN', // default

// ‘onUploadProgress’ 允许为上传处理进度事件
onUploadProgress: function (progressEvent) {
// 对原生进度事件的处理
},

// ‘onDownloadProgress’ 允许为下载处理进度事件
onDownloadProgress: function (progressEvent) {
　// 对原生进度事件的处理
},

// ‘maxContentLength’ 定义允许的响应内容的最大尺寸
maxContentLength: 2000,

// ‘validateStatus’ 定义对于给定的 HTTP 响应状态码是 resolve 或 reject　promise 。如
果 ‘validateStatus’ 返回 ‘true’ (或者设置为 ‘null’ 或 ‘undefined’), promise 将被 resolve;
// 否则, promise 将被 rejecte
validateStatus: function (status) {
　return status >= 200 && status < 300; // 默认值
},

// ‘maxRedirects’ 定义在 node.js 中 follow 的最大重定向数目
// 如果设置为 0, 将不会 follow 任何重定向

```
maxRedirects: 5, // 默认值

// 'socketPath' 定义要在 node.js 中使用的 UNIX 套接字
// 例如 '/var/run/docker.sock' 向 docker 守护进程发送请求
// 只能指定 'socketPath' 或者 'proxy'，如果两者都指定，则使用 socketPath'
//socketPath: null, 默认值

// 'httpAgent' 和 'httpsAgent' 分别在 node.js 中用于定义在执行 http 和 https 时使用的
自定义代理。允许像这样配置选项：
// 'keepAlive' 默认没有启用
httpAgent: new http.Agent({ keepAlive: true }),
httpsAgent: new https.Agent({ keepAlive: true }),

// 'proxy' 定义代理服务器的主机名称和端口
// auth' 表示 HTTP 基础验证应当用于连接代理，并提供凭据
// 这将会设置一个 'Proxy-Authorization' 头，覆写掉已有的通过使用 'header' 设置的自
// 定义 'Proxy-Authorization' 头。
proxy: {
    host: '127.0.0.1',
    port: 9000,
    auth: {
        username: 'mikeymike',
        password: 'rapunz3l'
    }
},

// 'cancelToken' 指定用于取消请求的 cancel token
//（查看后面的 Cancellation 这节了解更多）
cancelToken: new CancelToken(function (cancel) {
})
}
```

3. 创建 axios 实例

在实际项目中，为了减少请求代码的重复编写，可以使用自定义配置调用 axios.
create([config]) 方法创建一个 axios 实例，然后就可以在需要发送请求的位置使用该实例向
服务端发起请求，实例创建方法如以下代码所示。

```
const instance = axios.create({
  baseURL: 'https://api.example.com',
  timeout: 1000
});
```

　　对于一些请求中每次都需要配置内容相同的参数,可以通过为配置选项设置默认值,或者在自定义实例中设置默认值的方法来简化代码编写过程。全局默认值可以在项目的入口文件 main.js 中进行编写,编写方式如以下代码所示。

```
axios.defaults.baseURL = 'https://api.example.com';
axios.defaults.headers.common['Authorization'] = AUTH_TOKEN;
axios.defaults.headers.post['Content-Type'] = 'application/x-www-form-urlencoded';
```

　　自定义实例中设置默认值的方法如以下代码所示。

```
const instance = axios.create({
  baseURL: 'https://api.example.com'
});
instance.defaults.headers.common['Authorization'] = AUTH_TOKEN;
```

　　此种配置只在实例创建并发起请求时才生效,这些配置会以一个优先顺序进行合并,顺序如下:

　　(1)在 lib/defaults.js 找到的库的默认值;

　　(2)实例的 defaults 属性;

　　(3)请求的 config 参数。

　　代码如下所示。

```
// 使用由库提供的配置的默认值来创建实例
// 此时超时配置的默认值是 `0`
var instance = axios.create();

// 覆写库的超时默认值
// 现在,在超时前,所有请求都会等待 2.5 秒
instance.defaults.timeout = 2500;

// 为已知需要花费很长时间的请求覆写超时设置
instance.get('/longRequest', {
  timeout: 5000
});
```

技能点 4　拦截器

axios 中的拦截器分为请求拦截器和响应拦截器两种,它们会在请求或者响应 then() 方法和 catch() 方法处理前执行拦截,并对请求和响应做自定义处理,请求拦截器的使用方法如以下代码所示。

```
// 添加请求拦截器
axios.interceptors.request.use(function (config) {
    // 在发送请求之前进行自定义处理
    return config;
}, function (error) {
    // 对请求错误信息进行自定义处理
    return Promise.reject(error);
});
```

响应拦截器的使用方法如以下代码所示。

```
// 添加响应拦截器
axios.interceptors.response.use(function (response) {
    // 对响应数据进行自定义处理
    return response;
}, function (error) {
    // 对响应错误信息进行自定义处理
    return Promise.reject(error);
});
```

1. 为项目添加服务端通信

第一步:使用 axios 为项目添加服务端通信,使项目能通过向服务端发送请求来获取数据。项目的服务端是使用 Java 编写的 bookstore 程序,它的运行端口是 8732,数据接口如表 6-1 所示。

表 6-1　后端数据接口

数据接口	接口功能	接口响应值

/api/book/hot	获取热门推荐数据
	接受 get 请求
		<pre>1 [[
		2 "id": 1,
		3 "title": "围城",
		4 "price": 42.00,
		5 "discount": 0.95,
		6 ......
		7 }, {
		8 "id": 4,
		9 "title": "局外人",
		10 "price": 37.00,
		11 "discount": 0.85,
		12 ......
		13 }]</pre>

/api/book/new	获取新书上架数据
	接受 get 请求
		<pre>1 [[
		2 "id": 2,
		3 "title": "黄金时代",
		4 "price": 59.00,
		5 "discount": 0.82,
		6 "imgUrl": "/api/img/002.jpg",
		7 ......
		8 }, {
		9 "id": 4,
		10 "title": "局外人",
		11 "price": 37.00,
		12 "discount": 0.85,
		13 "imgUrl": "/api/img/004.jpg",
		14 ......
		15 }]</pre>

/api/search	搜索栏接口
	接受 get 请求
		<pre>1 [[
		2 "id": 5,
		3 "title": "李光耀回忆录：我一生的挑战",
		4 "author": "李光耀",
		5 "price": 52.00,
		6 "discount": 0.92,
		7 "imgUrl": "/api/img/005.jpg",
		8 "bookConcern": "译林出版社",
		9 "publishDate": "2013-11-01",
		10 "detail": "整本回忆录...",
		11 "brief": "新加坡开国...",
		12 "inventory": 200,
		13 "newness": false,
		14 "hot": false,
		15 "c_id": 5
		16 }, {</pre>

续表

数据接口	接口功能	接口响应值

		<pre>17 "id": 8,
		18 "title": "爱的艺术",
		19 "author": "艾里希·弗洛姆",
		20 "price": 29.00,
		21 "discount": 0.99,
		22 "imgUrl": "/api/img/008.jpg",
		23 "bookConcern": "上海译文出版社",
		24 "publishDate": "2018-11-01",
		25 "detail": "在《爱的艺术》...",
		26 "brief": "《爱的艺术》是...",
		27 "inventory": 200,
		28 "newness": false,
		29 "hot": true,
		30 "c_id": 6
		31 }]</pre>

/api/book/{id}	通过书籍 id 获取书籍
	接受 get 请求
		<pre>1 ▾ {
		2 "id": 2,
		3 "title": "黄金时代",
		4 "author": "王小波",
		5 "price": 59.00,
		6 "discount": 0.82,
		7 "imgUrl": "/api/img/002.jpg",
		8 "bookConcern": "北京十月文艺出版社",
		9 "publishDate": "2021-06-01",
		10 "detail": "《黄金时代》是王小波的成名作...",
		11 "brief": "是作品系列之"时代三部曲"中的一部作品...",
		12 "inventory": 200,
		13 "newness": true,
		14 "hot": false,
		15 "c_id": 3
		16 }</pre>

/api/category	获取图书分类数据
	接受 get 请求
		<pre>1 ▾ [{
		2 "id": 1,
		3 "name": "文学综合",
		4 "parentId": null,
		5 "root": true,
		6 ▾ "children": [{
		7 "id": 3,
		8 "name": "中国文学",
		9 "parentId": 1,
		10 "root": false,
		11 "children": null
		12 },
		13 ......]
		14 ▾ }, {</pre>

续表

数据接口	接口功能	接口响应值
| | | ```
15      "id": 2,
16      "name": "人文社科",
17      "parentId": null,
18      "root": true,
19 ▾    "children": [{
20        "id": 6,
21        "name": "心理学",
22        "parentId": 2,
23        "root": false,
24        "children": null
25      },
26      ......]
27    }]
``` |
| /api/category/{id} | 通过分类 id 获取类中书籍<br>接受 get 请求 | ```
1 ▾ [{
2      "id": 3,
3      "title": "双城记",
4      "author": "狄更斯",
5      "price": 52.00,
6      "discount": 0.9,
7      "imgUrl": "/api/img/003.jpg",
8      "bookConcern": "译林出版社",
9      "publishDate": "2020-06-01",
10     "detail": "《双城记》是...",
11     "brief": "查尔斯·狄更斯所著的...",
12     "inventory": 200,
13     "newness": false,
14     "hot": false,
15     "c_id": 4
16 }, {
17     "id": 4,
18     "title": "局外人",
19     "author": "加缪",
20     "price": 37.00,
21     "discount": 0.85,
22     "imgUrl": "/api/img/004.jpg",
23     "bookConcern": "上海译文出版社",
24     "publishDate": "2013-07-01",
25     "detail": "《局外人》是...-",
26     "brief": "阿尔贝·加缪创作的...",
27     "inventory": 200,
28     "newness": true,
29     "hot": true,
30     "c_id": 4
31 }]
``` |

数据接口	接口功能	接口响应值
/api/user/register	用户注册接口 接受 post 请求 需要向后端发送用户 JSON 对象，包括以下属性： username、password、mobile	注册成功响应： ```\n1 {\n2 "code": 200,\n3 "data": {\n4 "id": null,\n5 "username": "user1",\n6 "password": "123456",\n7 "mobile": "1234567890123"\n8 }\n9 }\n``` 注册失败响应：{"code":500,"data":null}
/api/user/login	用户登录接口 接受 post 请求 需要向后端发送用户 JSON 对象，包括以下属性： username、password	登录成功响应： ```\n1 {\n2 "code": 200,\n3 "data": {\n4 "id": 2,\n5 "username": "admin",\n6 "password": "123456",\n7 "mobile": "123456789000"\n8 }\n9 }\n``` 用户名或密码错误响应：{"code":400,"data":null} 登录失败响应：{"code":500,"data":null}
/api/user/{username}	用户名验证接口 接受 get 请求	用户名未被使用响应：{"code":200,"data":false} 用户名被使用响应：{"code":200,"data":true}

第二步：在项目中安装 axios 后，在 main.js 文件中引入 axios，并为项目配置全局的 baseURL 默认值，如代码 6-1 所示。

```
代码 6-1 main.js
import { createApp } from 'vue'
import App from './App.vue'
import axios from 'axios'
import VueAxios from 'vue-axios'

// 配置全局的 baseURL 默认值
axios.defaults.baseURL = "/api"
```

```
createApp(App).use(VueAxios, axios).mount('#app')
```

第三步：在项目的根目录下新建 vue.config.js 的脚手架配置文件，在文件中设置
webpack 代理配置，如代码 6-2 所示。

代码 6-2 vue.config.js

```
module.exports = {
  configureWebpack: {
    devtool: 'source-map'
  },
  devServer: {
    proxy: {
      ///api 是后端数据接口的上下文路径
      '/api': {
        // 后端数据接口地址
        target: 'http://localhost:8732/',
        // 设置允许跨域
        changeOrigin: true,
      }
    }
  },
}
```

2. 实现登录功能

编写书籍商城登录页面组件，并使用 axios 实现登录验证功能，登录页面效果如图 6-1
所示。

图 6-1　登录页面

在 components 文件夹下创建 UserLogin.vue 文件,登录功能需要向后端发送请求来验证用户登录信息的真实性,使用 axios 向后端发送信息进行验证并返回结果,其中用到的 vue-router、vuex 插件,会在后续章节中具体讲解,组件代码如代码 6-3 所示。

代码 6-3 UserLogin.vue

```
<template>
  <div class="login">
    <div class="error">{{ message }}</div>
    <form>
      <div class="lable">
        <input
          name="username"
          type="text"
          v-model.trim="username"
          placeholder=" 请输入用户名 "
        />
        <input
          type="password"
          v-model.trim="password"
          placeholder=" 请输入密码 "
        />
      </div>
      <div class="submit">
        <input type="submit" @click.prevent="login" value=" 登录 " />
      </div>
    </form>
  </div>
</template>
<script>
import { mapMutations } from 'vuex';
export default {
  name: "UserLogin",
  data() {
    return {
      username: ',
      password: ',
      message: "
    };
  },
```

```javascript
methods: {
  login(){
    this.message = '';
    if(!this.checkForm())
      return;
    // 向服务端发送请求进行登录并获取响应
    this.axios.post("/user/login",
      {username: this.username, password: this.password})
        // 处理响应请求
      .then(response => {
        if(response.data.code === 200){
          this.saveUser(response.data.data);
          this.username = '';
          this.password = '';
          // 如果存在查询参数
          // 使用 vue-router 路由进行登录后页面跳转
          if(this.$route.query.redirect){
              const redirect = this.$route.query.redirect;
              // 跳转至进入登录页前的路由
              this.$router.replace(redirect);
          }else{
              // 否则跳转至首页
              this.$router.replace('/');
          }
        }else if(response.data.code === 500){
          this.message = " 用户登录失败 ";
        }else if(response.data.code === 400){
          this.message = " 用户名或密码错误 ";
        }
      })
        // 处理响应异常
      .catch(error => {
        console.log(error.message);
      })
  },
  // 应用 vuex 进行用户状态统一管理,会在后续章节中进行介绍
  ...mapMutations('user', [
    'saveUser'
```

```
        ]),
        // 检查登录字段是否都填写全
        checkForm(){
            if(!this.username || !this.password){
                this.$msgBox.show({title: " 用户名和密码不能为空 "});
                return false;
            }
            return true;
        }
    }
};
</script>
<style scoped>
.login {
    margin: 5em auto 0;
    width: 44%;
}
.login input{
    padding: 15px;
    width: 94%;
    font-size: 1.1em;
    margin: 18px 0px;
    color: gray;
    float: left;
    cursor: pointer;
    font-family: "HelveticaNeue", "Helvetica Neue", Helvetica, Arial, sans-serif;
    outline: none;
    font-weight: 600;
    margin-left: 3px;
    background: #eee;
    transition: all 0.3 s ease-out;
    border: solid 1px #ccc;
}
.login input:hover{
    color: rgb(180, 86, 9);
    border-left: solid 6px #40 A46 F;
}
.login {
```

```
    padding: 5px 4px;
    text-align: center;
  }
input[type="submit"] {
    padding: 17px 17px;
    color: #fff;
    float: right;
    font-family: "HelveticaNeue", "Helvetica Neue", Helvetica, Arial, sans-serif;
    background: #40a46f;
    border: solid 1px #40a46f;
    cursor: pointer;
    font-size: 18px;
    transition: all 0.5 s ease-out;
    outline: none;
    width: 100%;
  }
.submit input[type="submit"]:hover {
    background: #07793 d;
    border: solid 1px #07793 d;
  }
.login .error{
    color: red;
    font-weight: bold;
    font-size: 1.1em;
  }
</style>
```

3. 实现首页数据渲染

补全首页页面部分组件的数据获取并在页面进行数据渲染,新增 HomeBooksNew.vue 组件,用以编写新书上架组件。其中用到的 vue-router 插件,会在后续章节中具体讲解。

对于首页数据有些网站可能会制造假信息来蒙蔽访问的用户,作为信息技术从业人员,要坚持实事求是的思想路线,一切从实际出发,以客观实际和群众的现实需要作为信息传输的基础和依据。这既是对信息技术从业人员的政治和业务要求,也是对信息技术从业人员的道德要求。

首页数据数据渲染效果如图 6-2 所示。

图 6-2　书籍商城首页

第一步：完善 HomeCategory.vue 组件的数据获取及渲染，如代码 6-4 所示。

```
代码 6-4 HomeCategory.vue

<template>
  <div class="category">
    <h3> 图书分类 </h3>
    <div v-for="category in categories" :key="category.id">
      <h5>{{ category.name }}</h5>
      // 使用 vue-router 路由功能为分类项添加类中图书路由连接
      <router-link
        v-for="child in category.children"
        :key="child.id"
        :to="'/category/' + child.id"
        >{{ child.name }}</router-link
      >
    </div>
  </div>
</template>
<script>
export default {
  name: "HomeCategory",
  data() {
```

```
    return {
      categories: [],
    };
  },
  created() {
    // 使用 axios 向后端获取分类数据并渲染
    this.axios
      .get("/category")
      .then((response) => {
        if (response.status == 200) {
          this.categories = response.data;
        }
      })
      .catch((error) => console.log(error));
  },
};
</script>
```

第二步：完善 HomeBooksHot.vue 组件的数据获取及渲染，如代码 6-5 所示。

代码 6-5 HomeBooksHot.vue

```
<template>
  <div class="bookRecommend">
    <h3> 热门推荐 </h3>
    <ul>
      <li v-for="book in books" :key="book.id">
// 使用 vue-router 路由功能为热门项添加热门图书路由连接
        <router-link :to="'/book/'+ book.id">
          {{ book.title }}
          <span>{{ currency(factPrice(book.price, book.discount))}}</span>
        </router-link>
      </li>
    </ul>
  </div>
</template>
<script>
  export default {
    name:'HomeBooksHot',
    data () {
```

```
        return {
          books: []
        };
    },
// 向组件中注入实际价格计算方法以及货币显示方法
      inject: ['factPrice', 'currency'],
created(){
// 使用 axios 向后端获取热门图书数据并渲染
        this.axios.get("/book/hot")
          .then(response => {
            if(response.status == 200){
              this.books = response.data;
            }
          })
          .catch(error => console.log(error));
    },
  }
</script>
```

第三步：在 src 下目录下新建 utils 文件夹，在其中新建 util.js 文件，编写实际价格计算方法以及货币显示方法，如代码 6-6 所示。

代码 6-6 util.js

```
export function factPrice(value, discount){
  value = parseFloat(value);
  discount = parseFloat(discount);
  if(!discount) return value
  return value * discount;
}

export function currency (value, currency, decimals) {
  value = parseFloat(value)
  if (!isFinite(value) || (!value && value !== 0)) return ''
  currency = currency != null ? currency : ' ￥'
  decimals = decimals != null ? decimals : 2
  var stringified = Math.abs(value).toFixed(decimals)
  var _int = decimals
    ? stringified.slice(0, -1 - decimals)
    : stringified
```

```
    var i = _int.length % 3
    var head = i > 0
      ? (_int.slice(0, i) + (_int.length > 3 ? ',' : "))
      : "
    var _float = decimals
      ? stringified.slice(-1 - decimals)
      : "
    var sign = value < 0 ? '-' : "
    return sign + currency + head +
      _int.slice(i).replace(digitsRE, '$1,') +
      _float
}
```

第四步：在根组件 App.vue 中声明 factPrice 及 currency 方法，代码如下所示。

```
<script>
import Header from '@/components/Header.vue'
import Menus from '@/components/Menus.vue'
import {factPrice, currency} from './utils/util.js'
export default {
  components: {
    Header,
    Menus,
  },
  provide(){
    return {
      factPrice,
      currency
    }
  }
}
</script>
```

第五步：编写 HomeBooksNew.vue 组件，用以编写新书上架组件，代码如 6-7 所示。

代码 6-7 HomeBooksNew.vue

```
<template>
  <div class="booksNew">
    <h3> 新书上架 </h3>
    <div class=book v-for="book in books" :key="book.id">
      <figure>
```

```
// 使用 vue-router 路由功能为新书项添加新书路由连接
        <router-link :to="'/book/' + book.id">
        <img :src="book.imgUrl">
        <figcaption>
            {{ book.title }}
        </figcaption>
        </router-link>
        </figure>
        <p>
        {{ currency(factPrice(book.price, book.discount)) }}
        <span>{{ currency(book.price) }}</span>
        </p>
    </div>
  </div>
</template>
<script>
  export default {
    name:'HomeBooksNew',
    props:[''],
    data () {
      return {
        books: [],
      };
    },
    inject: ['factPrice', 'currency'],
    created(){
    // 使用 axios 向后端获取新书上架数据并渲染
      this.axios.get("/book/new")
      .then(response => {
        if(response.status == 200){
          this.loading = false;
          this.books = response.data;
        }
      })
      .catch(error => console.log(error));
    }
  }
</script>
```

```
<style scoped>
.booksNew{
    float: left;
}
.booksNew .book{
    display: inline-block;
    width: 18.5%;
    border-right: solid 1px #ccc;
    margin-left: 10px;
}
.booksNew a:hover{
    color: red;
}
.booksNew img {
    width: 120px;
    height: 100px
}
.booksNew span{
    color: #cdcdcd;
    text-decoration: line-through;
}
</style>
```

本次任务讲解了使用 axios 为书籍商城添加服务端通信功能,以及使用 axios 实现登录功能并实现首页的数据渲染,通过对本次任务的学习,掌握了使用 axios 向服务端发送请求获取数据的能力,为后续网页的编写打下基础。

permission   许可

credentials	证书
authorization	授权
instance	实例
interceptor	拦截器

一、选择题

1. axios 不包含以下哪个请求方法（　　　）。

A. axios.put　　　　B. axios.options　　　　C. axios.patch　　　　D. axios.status

2. 下列关于 axios 的配置对象 config 的说法正确的是（　　　）。

A. config 中 url 和 method 两个选项是必须配置的

B. baseURL 选项是设置默认的发送 url

C. transformRequest 选项可以用在 get、post 和 put 请求中

D. data 选项只适用于 patch、put 和 post 请求

3. 下列哪项不是 response 对象的属性（　　　）。

A. params　　　　B. request　　　　C. status　　　　D. headers

4. 请求的 timeout 默认值是（　　　）毫秒。

A. 100　　　　B. 1 000　　　　C. 2 000　　　　D. 5 000

二、简答题

1. 请求响应失败分为几种情况，它们的特征是什么

项目七　书籍商城路由功能

通过学习 Vue Router,了解并掌握 Vue Router 的基础应用,掌握不同种类路由的配置方法,掌握如何对路由进行拦截并操作,具有运用所学的相关知识编写书籍商城路由功能的能力,在任务实现过程中:

● 了解并掌握 Vue Router 的设置方法;
● 掌握动态路由、嵌套路由和命名路由的使用方法;
● 掌握编程式导航、路由组件传参、历史模式设置的方法;
● 掌握导航守卫的使用方法。

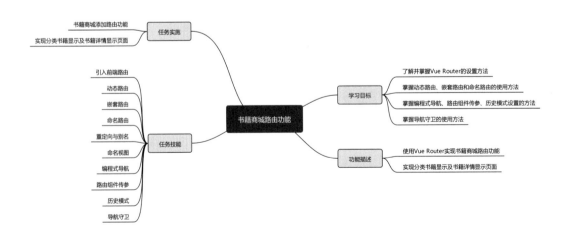

【情景导入】

　　传统的 Web 应用程序不同页面间的跳转都是向服务器发起请求的,服务器处理请求后向浏览器推送页面。在单页应用程序中,不同视图(组件的模板)的内容都在同一个页面中渲染,页面间的跳转都是在浏览器端完成的,这就需要用到前端路由。在 Vue.js 中最常用的是用官方提供的路由器管理器 Vue Router。

【功能描述】

　　● 使用 Vue Router 实现书籍商城路由功能。
　　● 实现分类书籍显示及书籍详情显示页面。

技能点 1　引入前端路由

　　Vue Router 是 Vue.js 官方的路由管理器。它和 Vue.js 的核心深度集成,使构建单页面应用的过程变得易如反掌。

1. 安装 Vue Router

Vue Router 需要使用 NPM 安装,Vue 3.0 的安装命令如下。

```
npm install vue-router@next --save
```

　　Vue2.x 的 Vue Router 安装命令如下。

```
npm install vue-router --save
```

　　在一个模块化工程中使用 Vue Router,必须要通过 Vue.use() 明确地安装路由功能,代码如下所示。

```
import Vue from 'vue'
import VueRouter from 'vue-router'

Vue.use(VueRouter)
```

如果使用全局 script 标签手动加载，则无须使用 Vue.use() 进行安装。

2.HTML 页面使用路由

在 HTML 页面中配置 Vue 路由有以下几个步骤。

（1）使用 router-link 组件设置导航链接，代码如下所示。

```
<router-link to="/index"> 主页 </router-link>
<router-link to="/news"> 新闻 </router-link>
<router-link to="/videos"> 视频 </router-link>
```

（2）通过 <router-view> 标签指定组件在何处渲染，代码如下所示。

```
<router-view></router-view>
```

单击链接时，会在标签处渲染组件的模板内容，在这里 <router-view> 起到了类似于占位符的作用。

（3）定义路由器组件，代码如下所示。

```
const Home = { template: '<div> 主页内容 </div>' }
const News = { template: '<div> 新闻内容 </div>' }
const Videos = { template: '<div> 视频内容 </div>' }
```

（4）定义路由，将第一步设置的链接 URL 和组件一一对应起来，代码如下所示。

```
const routes = [
        { path: '/index', component: Home },
        { path: '/news', component: News },
        { path: '/videos', component: Videos }
]
```

（5）创建 VueRouter 实例，在实例中设置 history 为 createWebHashHistory 方法，将第四步定义的路由配置作为选项传递到实例中，代码如下所示。

```
const router = VueRouter.createRouter({
    // 提供要使用的 history 实现
    history:VueRouter.createWebHashHistory(),
    routes:routes
})
```

（6）调用应用程序实例的 use 方法，传入创建的 VueRouter 实例，从而使整个 Vue 应用获得路由功能，代码如下所示。

```
const app = Vue.createApp({})
app.use(router)
app.mount('#app')
```

这样前端路由就配置完成了，完整文件如代码 7-1 所示。

代码 7-1 routerDemo.html

```
<!DOCTYPE html>
<html lang="en">
    <head>
        <meta charset="UTF-8">
        <title></title>
    </head>
    <body>
        <div id="app">
            <p>
                <!-- 使用 router-link 组件来导航 -->
                <!-- 通过传入 to 属性指定链接 -->
                <!-- <router-link> 默认会被渲染成一个 <a> 标签 -->
                <router-link to="/index"> 主页 </router-link>
                <router-link to="/news"> 新闻 </router-link>
                <router-link to="/videos"> 视频 </router-link>
            </p>
            <!-- 路由出口 -->
            <!-- 路由匹配到的组件将在这里渲染 -->
            <router-view></router-view>
        </div>
        <script src="https://unpkg.com/vue@next"></script>
        <script src="https://unpkg.com/vue-router@next"></script>
        <script>
            // 定义路由组件
            // 可以从其他文件 import 进来
            const Home = { template: '<div> 主页内容 </div>' }
            const News = { template: '<div> 新闻内容 </div>' }
            const Videos = { template: '<div> 视频内容 </div>' }
            // 定义路由
            // 每个路由应该映射到一个组件。
```

```
                    const routes = [
                          { path: '/index', component: Home },
                          { path: '/news', component: News },
                          { path: '/videos', component: Videos }
                    ]
                    // 传递 routes 选项，创建 router 实例。
                    const router = VueRouter.createRouter({
                          // 提供要使用的 history 实现。为了简单起见，在这里使用
                          //hash history。
                          history: VueRouter.createWebHashHistory(),
                          routes: routes
                    })
              const app = Vue.createApp({})
              // 使用路由器实例，从而让整个应用都有路由功能
              app.use(router)
              app.mount('#app')
                 </script>
          </body>
</html>
```

在浏览器中打开网页，渲染效果如图 7-1 所示。

图 7-1　routerDemo.html 运行结果

3. 模块化开发使用路由

在模块化开发中使用路由的步骤与在 HTML 中使用基本相同，只是在形式上有差异，首先使用 Vue CLI 创建一个 Vue3.0 项目，并安装 vue-router 路由，在项目中使用路由的具体方式如下。

（1）在 App.vue 中使用 <router-link> 配置导航链接，使用 <router-view> 标签配置路由渲染位置，如代码 7-2 所示。

代码 7-2 App.vue

```
<template>
  <p>
    <router-link to="/index"> 主页 </router-link>
    <router-link to="/news"> 新闻 </router-link>
    <router-link to="/videos"> 视频 </router-link>
  </p>
  <router-view />
</template>

<script>
export default {
  name: 'App',
  components: {

  }
}
</script>

<style>
……
```

（2）编写需要路由的组件，在 components 文件夹下创建 Index.vue、News.vue、Video.vue 3 个文件，代码如下所示。

Index.vue 如代码 7-3 所示。

代码 7-3 Index.vue

```
<template>
  <p> 主页内容 </p>
</template>
<script>
export default {
  name: "Index.vue"
}
</script>
```

News.vue 如代码 7-4 所示。

代码 7-4 News.vue

```
<template>
  <p> 新闻内容 </p>
</template>
<script>
export default {
  name: "News.vue"
}
</script>
```

Video.vue 如代码 7-5 所示。

代码 7-5 Video.vue

```
<template>
  <p> 视频内容 </p>
</template>
<script>
export default {
  name: "Videos.vue"
}
</script>
```

（3）创建路由配置文件，在 src 目录下新建 router 文件夹，并在其中新建一个 index.js 文件，如代码 7-6 所示。

代码 7-6 index.js

```
import {createRouter,createWebHashHistory} from 'vue-router'
import Index from '../components/Index.vue'
import News from '../components/News.vue'
import Videos from "../components/Videos.vue";
const router = createRouter({
  history:createWebHashHistory(),
  routes:[
    {
      path:'/index',
      component:Index
    },
    {
      path:'/news',
      component:News
```

```
    },
    {
      path:'/videos',
      component:Videos
    }
  ]
})
export default router
```

（4）在程序入口文件 main.js 文件中引入 router 实例，从而开启应用的 router 路由功能，如代码 7-7 所示。

代码 7-7 main.js

```
import { createApp } from 'vue'
import App from './App.vue'
import router from './router'

createApp(App).use(router).mount('#app')
```

Vue 项目中如果需要导入某个目录名为 index 的 js 文件，可以直接导入该目录，内置的 webpack 会自动导入 index.js 文件。

这样模块化开发中的路由就配置完毕了，运行 npm run serve 命令启动项目，访问项目地址，即可使用单页应用的前端路由。

技能点 2　动态路由

在实际项目中，常常需要把匹配某种类的路由映射到同一个组件中，例如对于一个 Video 组件，所有不同的视频数据都通过该组件来渲染，可以在 vue-router 的路由路径中使用"动态路径参数"(dynamic segment) 来达到该效果。

1. 动态路由配置

动态路径参数使用冒号来标识，如 /user/:id，不同的数据（/user/1、/user/2 等）都映射到该路由中，当请求匹配到某一个路由时，参数的值将被保存到 this.$route.params（this.$route 为当前路由实例对象）中，可以在组件内使用，使用动态路由配置的具体方式如下。

（1）在 components 目录中新建 Uesr.vue 组件，以显示 User 的动态内容，如代码 7-8 所示。

代码 7-8 User.vue

```
<template>
    <div> 用户 ID：{{$route.params.id}}</div>
</template>

<script>
export default {
    name: "User"
}
</script>
```

（2）在 App.vue 中使用 <router-link> 添加不同 User 用户的导航链接，如代码 7-9 所示。

代码 7-9 App.vue

```
<template>
    ……
    <p>
      <router-link to="/user/1"> 用户 1</router-link>
      <router-link to="/user/2"> 用户 2</router-link>
      <router-link to="/user/2"> 用户 3</router-link>
    </p>
    <router-view />
</template>
<script>

export default {
    name: 'App',
    components: {
    }
}
</script>
```

（3）编辑 router 目录下的路由配置 js 文件 index.js，导入 User 组件，同时添加 User 的动态路由配置，如代码 7-10 所示。

代码 7-10 index.js

```
……
import User from "../components/User";

const router = createRouter({
```

```
history:createWebHashHistory(),
  routes:[
……,
    {
        path:'/user/:id',
        component:User
    }
  ]
})
export default router
```

这样 User 的动态路由就配置完毕了，运行 npm run serve 命令启动项目，访问项目地址，即可出现如图 7-2 所示的页面，页面中显示了用户 1、用户 2、用户 3 的链接，单击其中的任意用户，即可在下方显示该用户的动态内容。

图 7-2　动态路由示例

在同一个路由中可以设置有多个路径参数，它们会映射到 $route.params 的相应字段上，如表 7-1 所示。

表 7-1　路径参数映射表

模式	匹配路径	$route.params
/user/:username	/user/evan	{ username: 'evan' }
/user/:username/post/:post_id	/user/evan/post/123	{ username: 'evan', post_id: '123' }

除了 $route.params 外，$route 对象还提供了其他有用的信息，如 $route.query(如果 URL 中有查询参数)、$route.hash 等。

（1）响应路由参数。

使用带有参数的路由，如当用户从 /user/1 导航到 /user/2，相同的组件实例将被重复使用。因为两个路由都渲染同个组件，比起销毁再创建，复用会使程序更加高效。但这也使得该组件的生命周期钩子不会被调用。

要对同一个组件中参数的变化做出响应,可以使用 $watch 方法监控 $route 对象上的任意属性,如以下代码所示。

```
created() {
    this.$watch(
        () => this.$route.params,
        (toParams, previousParams) => {
            // 对路由变化做出响应 ...
        }
    )
},
```

(2)捕获所有路由或 404 Not found 路由。

常规参数只匹配 URL 片段之间的字符,用"/"分隔。如果想匹配任意路径,可以使用自定义的路径参数正则表达式,即在路径参数后面的括号中加入正则表达式,如以下代码所示。

```
const routes = [
    // 将匹配所有内容并将其放在 `$route.params.pathMatch` 下
    { path: '/:pathMatch(.*)*', name: 'NotFound', component: NotFound },
    // 将匹配以 `/user-` 开头的所有内容,并将其放在 `$route.params.afterUser` 下
    { path: '/user-:afterUser(.*)', component: UserGeneric },
]
```

在上面的代码中,括号之间使用了自定义正则表达式,并将 pathMatch 参数标记为可选可重复。这样在需要时,即可通过将 path 拆分成一个数组,直接导航到路由来实现,如以下代码所示。

```
this.$router.push({
    name: 'NotFound',
    params: { pathMatch: this.$route.path.split('/') },
})
```

2. 路由匹配语法

Vue Router 不仅能通过静态路由和动态路由来进行路由配置,还提供了更加便捷、强大的路由参数匹配功能,用户可以通过自定义参数正则表达式来匹配任何所需的内容。

1)自定义正则表达式

使用方法是在参数内部添加正则表达式"([^/]+)"(至少有一个字符不是"/"来从 URL 中提取参数。

```
path: '/params( 正则表达式 )'
```

当需要对不同的参数(如 /:userId 和 /:prodectName)进行动态路由匹配时,如果不进行限定那么它们将会匹配相同的 URL,普通的限定方法是在路径中添加一个静态的部分,如以下代码所示。

```
const routes = [
  // 匹配 URL /user/1
  { path: '/user/:userId' },

  // 匹配 URL /prodect/book
  { path: '/prodect/:prodectName' },
]
```

由于 userId 只由数字组成,而 productName 可以由任何字符组成,所以可以在参数中添加自定义正则表达式来进行限制,如以下代码所示。

```
const routes = [
  // userId 将只匹配数字内容
  { path: '/:userId(\\d+)' },

  // prodectName 匹配任何字符串
  { path: '/:prodectName' },
]
```

2)可重复参数

如果需要匹配具有多个部分的路由,如 /first/second/third,可以使用“*”修饰符(0 个或多个)和“+”修饰符(1 个或多个)将参数标记为可重复,如以下代码所示。

```
const routes = [
  // /:chapters ->   匹配 /one, /one/two, /one/two/three, 等
  { path: '/:chapters+' },
  // /:chapters -> 匹配 /, /one, /one/two, /one/two/three, 等
  { path: '/:chapters*' },
]
```

该设置将提供一个参数数组,而不是一个字符串,并且在使用命名路由时也需要传递一个数组,如以下代码所示。

```
// 给定 { path: '/:chapters*', name: 'chapters' },
router.resolve({ name: 'chapters', params: { chapters: [] } }).href
// 产生 /
router.resolve({ name: 'chapters', params: { chapters: ['a', 'b'] } }).href
// 产生 /a/b

// 给定 { path: '/:chapters+', name: 'chapters' },
router.resolve({ name: 'chapters', params: { chapters: [] } }).href
// 抛出错误,因为 `chapters` 为空
```

也可以通过在右括号后将标记与自定义正则表达式结合使用,如以下代码所示。

```
const routes = [
  // 仅匹配数字
  // 匹配 /1, /1/2, 等
  { path: '/:chapters(\\d+)+' },
  // 匹配 /, /1, /1/2, 等
  { path: '/:chapters(\\d+)*' },
]
```

3)可选参数

可以通过使用"?"修饰符将一个参数标记为可选择的,如以下代码所示。

```
const routes = [
  // 匹配 /users 和 /users/posva
  { path: '/users/:userId?' },
  // 匹配 /users 和 /users/42
  { path: '/users/:userId(\\d+)?' },
]
```

技能点 3 嵌套路由

在实际项目中,一个页面往往由多层嵌套的组件组合而成, URL 中的各段参数也按照设计的结构对应嵌套的各层组件,如图 7-3 所示。

图 7-3 嵌套路由示意图

路径 user/:id 映射到 User 组件,根据不同的用户 ID 显示相应用户的信息, ID 为 7 的用户通过 /user/7/profile 的 URL 将自己的视图渲染到 profile 组件中,通过 /user/7/posts 的 URL 将视图渲染到 posts 组件中,这就是嵌套路由的作用,下面通过一个示例来演示如何使用嵌套路由。

该示例在主页中通过链接渲染出 Users 组件,组件以列表的形式显示所有用户的用户名,并可以通过点击用户名在 Users 组件中渲染出 User 组件来显示点击用户的用户 ID,示例编写步骤如下。

(1)在 assets 目录中新建 users.js 文件,用来存储 User 展示数据,如代码 7-11 所示。

代码 7-11 users.js

```
export default [
    {id:1,name:'LiMing',profession:'teacher'},
    {id:2,name:'ZhangHong',profession:'doctor'},
    {id:3,name:'WangWei',profession:'police'}
]
```

在实际项目中，此类数据一般通过 Ajax 请求从服务端进行异步加载来获得。

（2）在 components 目录中新建 Users 组件，组件中引入 users.js 文件中的数据，以列表的方式加载用户数据，并使用 <router-link> 标签为其添加相应导航链接。该组件会被渲染进根组件 App.vue 中，但 Users 组件也可以使用 <router-view> 来标记渲染位置，这就是嵌套路由。在该例中，此处会被用来渲染 User 组件，如代码 7-12 所示。

代码 7-12 Users.vue

```
<template>
  <div>
    <h2> 用户列表 </h2>
    <ul>
      <li v-for="user in users" :key="user.id">
        <router-link :to="'/user/' + user.id">{{user.name}}</router-link>
      </li>
    </ul>
  </div>
  <!--User 组件渲染位置 -->
  <router-view></router-view>
</template>

<script>
// 导入 users 数组
import Users from '@/assets/users'
export default {
  data(){
    return {
      users: Users
    }
  }
}
</script>
```

（3）在根组件 App.vue 中添加 Users 组件的导航链接，并且删除前例中使用的用户 User

导航链接，否则会跟 Users 组件中的 User 组件路由冲突，如代码 7-13 所示。

代码 7-13 App.vue

```
<template>
……
  <p>
    <router-link to="/users"> 用户列表 </router-link>
  </p>
  <router-view/>
</template>
<script>
export default {
  name: 'App',
  components: {
  }
}
</script>
```

（4）编辑 router 目录下的路由配置 js 文件 index.js，导入 Users 组件，同时添加 Users 的路由配置。在设置 Users 组件的嵌套路由时，需要在组件的 routes 选项中以数组的形式配置 children 选项，数组中可以根据用户的需要配置多项路由设置，即配置 Users 组件的多个嵌套路由，如代码 7-14 所示。

代码 7-14 index.js

```
……
import Users from "../components/Users";

const router = createRouter({
  history:createWebHashHistory(),
  routes:[
……,
    {
      path:'/users',
      component:Users,
      children:[
        {
          path:'/user/:id',
          component:User
        }
      ]
```

```
    }
  ]
})
export default router
```

这样 Users 的嵌套路由就配置完毕了,运行 npm run serve 命令启动项目,访问项目地址,即可出现如图 7-4 所示的页面。在页面中点击用户列表链接即可显示出 users.js 文件中所有存储数据的 name 属性,点击任意 name 属性值,即可在下方显示出该条数据的 ID 值。

图 7-4　嵌套路由示例

上述例子运用到实际项目中,一般会使用生命周期钩子函数来实现使用 Ajax 函数从服务器端获取真实的用户数据并渲染出来。然而当两个路由都渲染同一个组件(如 user/1 导航到 user/2)时,Vue 会复用先前的 User 实例,相比于销毁旧实例再创建新实例,复用会提高整体效率,但也意味着组件的生命周期钩子不会被再调用,所以也就无法在生命周期钩子中根据路由参数的变化更新数据。所以要对同一组件中的路由参数变化做出响应,需要对 $route.params 进行监听。

修改 User.vue 组件,对 $route.params 参数进行监听,当路由参数变化时,更新用户的详细数据,如代码 7-15 所示。

```
代码 7-15 User.vue
    <template>
      <div>
        <p>用户 ID:{{user.id}}</p>
        <p>用户姓名 :{{user.name}}</p>
        <p>用户职业 :{{user.profession}}</p>
      </div>
    </template>
```

```
<script>
import Users from '../assets/users'
export default {
  name: "User",
  data(){
    return {
      book:{}
    }
  },
  created() {
    this.user = Users.find((item)=>item.id = this.$route.params.id);
    this.$watch(
      () => this.$route.params,
      (toParams) => {
        this.user = Users.find((item) => item.id == toParams.id);
      },
    )
  }
}
</script>
```

　　运行 npm run serve 命令启动项目,访问项目地址,即可出现如图 7-5 所示的页面。在页面中点击用户列表中任意用户,即可在下方显示出该用户的所有数据,并且在点击不同用户时,下方数据会相应地进行更新。

图 7-5　$route.params 参数监听效果

只有路由参数发生变化时，$route.params 的监听器才会被调用，这意味着第一次渲染
User 组件时，通过 $route.params 的监听器是得不到数据的，因此应在 created 钩子中先获取
第一次渲染时的数据。当然，也可以向 $watch 方法传入一个选项对象作为第 3 个参数，设
置 immediate 选项参数为 true，使监听器回调函数在监听开始后立即执行，即不需要在
created 钩子中先获取一次数据，代码如下所示。

```
……
<script>
……
  created() {
    this.user = Users.find((item)=>item.id = this.$route.params.id);
    this.$watch(
        () => this.$route.params,
        (toParams) => {
          this.user = Users.find((item) => item.id == toParams.id);
        },
        {
          immediate: true
        }
    )
  }
}
</script>
```

$route.params 监听器回调函数的 toParams 参数表示即将进入的目标路由的参数，该函
数还可以带一个 previousParams 参数，表示当前导航正要离开的路由的参数。

技能点 4　命名路由

命名路由是在链接到路由或执行导航的过程中，使用名称来标识路由的方法。使用方
法是在创建 routes 实例时，在 routes 选项中为路由设置 name 属性，编写方法如下。
（1）编辑 router 目录下的路由配置 js 文件 index.js，为文件中路由命名，如代码 7-16 所示。

```
代码 7-16 index.js
……
const router = createRouter({
  history:createWebHashHistory(),
```

```
    routes:[
        {
            path:'/index',
            name:'index',
            component:Index
        },
        {
            path:'/news',
            name:'news',
            component:News
        },
        {
            path:'/videos',
            name:'videos',
            component:Videos
},
        {
            path:'/users',
            name:'users',
            component:Users,
            children:[
                {
                    path:'/user/:id',
                    name:'user',
                    component:User
                }
            ]
        }
    ]
})
export default router
```

（2）编辑根组件 App.vue 文件，将 Index、News 和 Videos 组件的导航链接改用命名路由，命名路由的链接编写方法如下。

```
<router-link :to="{name:'router 配置文件中设置的 name 值 '}"></router-link>
```

在使用命名路由时，to 属性的值变为表达式，所以需要使用 v-bind 命令，如代码 7-17 所示。

代码 7-17 App.vue

```
<template>
  <p>
    <router-link :to="{name:'index'}"> 主页 </router-link>
    <router-link :to="{name:'news'}"> 新闻 </router-link>
    <router-link :to="{name:'videos'}"> 视频 </router-link>
  </p>
  ……
  <router-view/>
</template>
……
```

（3）编辑 Users 组件，将其中的链接也改为命名路由，如代码 7-18 所示。

代码 7-18 User

```
……
<ul>
    <li v-for="user in users" :key="user.id">
        <router-link :to="{name:'user',params:{id:user.id}}">{{user.name}}</router-link>
    </li>
</ul>
……
```

这样命名路由就配置完成了，运行 npm run serve 命令启动项目，测试运行效果。

技能点 5　重定向与别名

1. 重定向

在路由配置中，可以使用 redirect 参数在 routes 选项中为某一 URL 地址设置重定向路由，设置方法如下。

编辑 router 目录下的路由配置 js 文件 index.js，将根路径重定向到 URL 为"/news"的路由中，代码如下所示。

```
……
  routes:[
    {
        path:'/ ',
        redirect:'/news'
},
……
```

运行 npm run serve 命令启动项目，当访问 http://localhost:8080/ 项目地址后，URL 地址并不会显示根路径，而是直接变为重定向后的"/news"，页面跳转到 News 组件，运行效果如图 7-6 所示。

图 7-6　重定向示例

重定向还有以下两种配置方法。

（1）重定向为命名路由。

```
……
  {
      path:'/ ',
      redirect:{
// 指定目标命名路由
         name:'news'
      }
},
……
```

（2）重定向到一个方法上，动态返回重定向目标。

```
……
  {
// /search/screens 变为 /search?q=screens
      path:'/search/:searchText',
      redirect: to => {
// 方法接收目标路由作为参数
         // return 重定向的字符串路径或者路径对象
            return { path: '/search/', query:{q:to.params.searchText}}
}
},
……
```

2. 别名

在路由配置中,可以使用 alias 参数在 routes 选项中为路径设置别名,别名的功能可以自由地将 UI 结构映射到任意的 URL,而不受限于配置的嵌套路由结构。设置方法如下。

编辑 router 目录下的路由配置 js 文件 index.js,为 Vidoes 组件的路由添加别名"/aliasVideos'",代码如下所示。

```
routes:[
    {
        path:'/videos',
        name:'videos',
        alias:'/aliasVideos',
        component:Videos
},
]
```

编辑根组件 App.vue,在其中添加别名地址的跳转链接,代码如下所示。

```
<template>
……
<router-link to="/aliasVideos"> 别名 </router-link>
……
</template>
```

运行 npm run serve 命令启动项目,点击别名链接,URL 地址变为别名地址,页面跳转到 Videos 组件,运行效果如图 7-7 所示。

图 7-7　别名示例

技能点 6　命名视图

1. 命名视图配置

项目中有时需要同时且同级展示多个视图，而不是嵌套展示。例如创建一个布局，有侧导航和 main 主内容两个视图，这时候就需要用到命名视图。命名视图可以使程序在界面中拥有多个单独命名的视图，而不是只有一个单独的出口，示例如下。

```
<router-view class="view one"></router-view>
<router-view class="view two" name="a"></router-view>
<router-view class="view three" name="b"></router-view>
```

其中，如果 router-view 没有设置名字，那么默认为"default"。

一个视图使用一个组件渲染，因此对于同一个路由，多个视图就需要设置多个组件，在 routes 选项中使用 components 参数来设置多个组件，设置方法如下。

```
const router = new VueRouter({
    routes: [
        {
            path: '/',
            components: {
                default: Foo,
                a: Bar,
                b: Baz
            }
        }
    ]
})
```

在项目中设计复杂布局时可以使用命名视图创建嵌套视图来实现，首先需要命名用到的嵌套 router-view 组件，以一个设置面板为例，如图 7-8 所示。

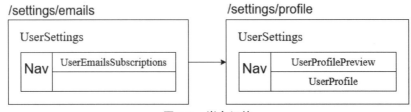

图 7-8　嵌套组件

其中 Nav 是一个常规组件，UserSettings 是一个视图组件，UserEmailsSubscriptions、

UserProfile 和 UserProfilePreview 是嵌套的视图组件。

　　UserSettings 组件的模板部分代码如下。

```
<!-- UserSettings.vue -->
<div>
  <h1>User Settings</h1>
  <NavBar/>
  <router-view/>
  <router-view name="helper"/>
</div>
```

　　UserEmailsSubscriptions、UserProfile 和 UserProfilePreview 的模板部分代码如下。

```
<!-- UserEmailsSubscriptions.vue -->
<div>
  <h2> user email subscriptions </h2>
</div>


<!-- UserProfile.vue -->
<div>

  <h2> edit user profile</h2>
</div>


<!-- UserProfilePreview.vue -->
<div>
  <h2> user profile preview</h2>
</div>
```

　　路由按如下配置即可完成命名视图的配置，其代码如下。

```
{
  path: '/settings',
  component: UserSettings,
  children: [{
    path: 'emails',
    component: UserEmailsSubscriptions
  },
{
    path: 'profile',
    components: {
        default: UserProfile,
```

```
        helper: UserProfilePreview
    }
  }]
}
```

2. 命名视图示例

（1）编辑 App.vue 根组件，在其中添加用户详情的命名视图，代码如下所示。

```
<template>
……
  <router-view/>
  <router-view name="userDetail"></router-view>
</template>
……
```

（2）编辑 router 目录下的路由配置 js 文件 index.js，将 User 组件的路由渲染到 userDetail 命名视图中。

```
……
routes:[
    {
        path:'/user/:id',
        name:'user',
        components:{
            userDetail:User
        }
    },
    ……
]
```

运行 npm run serve 命令启动项目，从用户列表中点击任一用户链接，该用户数据就会被渲染到 userDetail 命名视图中，运行效果如图 7-9 所示。

图 7-9　命名视图示例

技能点 7　编程式导航

1. 编程式导航配置

定义导航链接除了使用 <router-link> 创建 <a> 标签来实现，还可以借助 router 的实例方法，通过编写代码来完成。

使用 router 实例的 push 方法可以导航到不同的 URL，该方法会向 history 栈添加一个新的记录，所以当用户点击后退按钮时，会回到之前的 URL。该方法也是导航链接 <router-link> 实际调用的方法，当用户点击 <router-link> 标签时，程序内部会调用 router. push() 方法来实现跳转。

该方法的参数可以是一个字符串路径，也可以是一个描述地址的对象，使用方法如以下代码所示。

```
// 字符串路径
router.push('/users/eduardo')

// 带有路径的对象
router.push({ path: '/users/eduardo' })

// 命名的路由，并加上参数，让路由建立 url
router.push({ name: 'user', params: { username: 'eduardo' } })

// 带查询参数，结果是 /register?plan=private
router.push({ path: '/register', query: { plan: 'private' } })

// 带 hash，结果是 /about#team
router.push({ path: '/about', hash: '#team' })
```

需要注意的是，如果 push 方法内使用了 path 参数，params 参数就会被忽略。对于需要使用动态路由的情况，可以采用上述示例中第三种方法，使用命名路由来实现。或者在 path 中使用带有参数的完整路径，代码如下所示。

```
const username = 'eduardo'
// 手动建立 url，并自定义处理编码
router.push(`/user/${username}`)   // -> /user/eduardo
router.push({ path: `/user/${username}` })   // -> /user/Eduardo

// 使用 `name` 和 `params` 从自动 URL 编码中获取数据
```

```
router.push({ name: 'user', params: { username } })    // -> /user/eduardo

// `params` 不能与 `path` 一起使用
router.push({ path: '/user', params: { username } })    // -> /user
```

2. 编程式导航示例

修改 Users.vue 组件，使用 router.push 方法替换 <router-link>，如代码 7-19 所示。

代码 7-19 Users.vue

```
<template>
  <div>
    <h2> 用户列表 </h2>
    <ul>
      <li v-for="user in users" :key="user.id">
        <a href="#" @click.prevent="goRoute({name: 'user', params: { id: user.id }})">
          {{user.name}}
        </a>
      </li>
    </ul>
  </div>
  <!--User 组件渲染位置 -->
  <router-view></router-view>
</template>
<script>
// 导入 users 数组
import Users from '@/assets/users'
export default {
  data(){
    return {
      users: Users
    }
  },
  methods: {
    goRoute(location){
      // 当调用的 URL 中参数 id 与当前路由对象参数 id 值不同时，才调用 $router.push
方法
      if(location.params.id != this.$route.params.id)
        this.$router.push(location)
    }
```

```
    }
  }
</script>
```

技能点 8　路由组件传参

如果在组件中使用 $route 会导致组件与路由耦合,使其只能用于特定的 URL,大大地限制了组件的灵活性,如以下代码所示。

```
const User = {
  template: '<div>User {{ $route.params.id }}</div>'
}
const routes = [{ path: '/user/:id', component: User }]
```

对于以上情况,Vue Router 提供了一个 props 选项来解决这种问题。首先在组件中添加一个 props 选项,其中设置需要传参的参数。其次在配置路由时,添加一个 props 选项,将其设置为 true,这样 route.params 将被设置为组件的 props,当路由到 User 组件时,会自动将 $route.params.id 的值变为 User 组件的 id prop 值,代码如下所示。

```
const User = {
  props: ['id'],
  template: '<div>User {{ id }}</div>'
}
const routes = [{ path: '/user/:id', component: User, props: true }]
```

对于有命名视图的路由,必须为每个命名视图定义 props 配置,代码如下所示。

```
const routes = [
  {
    path: '/user/:id',
    components: { default: User, sidebar: Sidebar },
    props: { default: true, sidebar: false }
  }
]
```

当 props 是一个对象时,它将按原样设置为组件 props,这一般在 props 是静态的时候使用,代码如下所示。

```
const routes = [
  {
    path: '/promotion/from-newsletter',
```

```
    component: Promotion,
    props: { newsletterPopup: false }
  }
]
```

还可以创建一个返回 props 的函数,这样可以将参数转换为其他类型,或者将静态值与基于路由的值相结合,代码如下所示。

```
const routes = [
  {
    path: '/search',
    component: SearchUser,
    props: route => ({ query: route.query.q })
  }
]
```

使用 URL:/search?q=vue 访问上例,会将 {query:'vue'} 作为 props 传给 SearchUser 组件。

技能点 9　历史模式

在创建路由器实例时,可以通过 history 选项配置不同的历史模式。

1)Hash 模式

Hash 模式通过 createWebHashHistory() 方法进行创建,它在内部传递的实际 URL 前加了一个哈希字符"#",标识要跳转的目标路径。由于这部分 URL 从未被发送到服务器,所以它不需要在服务器层面上进行任何特殊处理。Hash 模式代码如下所示。

```
import { createRouter, createWebHashHistory } from 'vue-router'

const router = createRouter({
  history: createWebHashHistory(),
  routes: [
    //...
  ],
})
```

2)HTML5 模式

HTML5 模式通过 createWebHistory() 方法进行创建,在这种模式下,URL 传递时不会有任何改变,所以最为常用。不过在该模式下,如果直接在浏览器中通过输入 URL 来向服务器发起请求,且服务器上不能对该次请求做出响应时,就会出现"404"错误。针对这种情况，可以在前端应用部署的服务器上添加一个回退路由，当 URL 匹配不到任何资源时，返回一个固定页面。HTML5 模式代码如下所示。

```
import { createRouter, createWebHistory } from 'vue-router'

const router = createRouter({
  history: createWebHistory(),
  routes: [
    //...
  ],
})
```

技能点 10　导航守卫

在网络应用中，重定向、用户权限验证、页面数据获取等都是很常用的业务逻辑，在 Vue Router 中可以使用导航守卫（navigation guard）来实现上述功能。导航守卫可以通过跳转或取消的方式来在路由过程中实现功能。

导航守卫通过植入路由方式的不同分为全局守卫、路由独享守卫和组件级守卫。每个导航守卫都有以下两个参数。

（1）to: 即将要进入的目标。

（2）from: 当前导航正要离开的路由。

导航守卫可返回的值如下。

（1）false: 取消当前导航。如果浏览器的 URL 改变了，那么 URL 地址会重置到 from 路由对应的地址。

（2）路由地址：路由会重定向到该地址，效果类似于执行 router.push() 方法，跳转时可以传递诸如 replace:true 或 name:'home' 之类的选项。当前导航将被删除，会使用相同的 from 创建一个新导航。

如果遇到了意料之外的错误，导航守卫将会抛出一个"Error"，同时会取消本次导航并调用 router.onError 方法注册过的回调。

如果没有返回任何值或返回"undefined""true"，则表示本次导航有效，同时开始调用下一个导航守卫。

1. 全局守卫

1）全局前置守卫

全局前置守卫使用 router.beforeEach 进行注册，当一个导航被触发时，全局前置守卫按照创建顺序调用，导航守卫是异步解析执行的，而导航本身在所有守卫 resolve 完之前一直处于等待挂起状态。全局前置守卫注册的代码如下所示。

```
const router = createRouter({ ... })

router.beforeEach((to, from) => {
  // ...
  // 返回 false 以取消导航
  return false
})
```

2）全局解析守卫

全局解析守卫使用 router.beforeResolve 进行注册，全局解析守卫在每次导航时都会被触发，它会在导航被确认之前，以及在所有组件内守卫和异步路由组件被解析之后调用。下例中，全局解析守卫用于确保用户可以访问到 meta 属性 requiresCamera 的路由。

```
router.beforeResolve(async to => {
  if (to.meta.requiresCamera) {
    try {
      await askForCameraPermission()
    } catch (error) {
      if (error instanceof NotAllowedError) {
        // ... 处理错误，然后取消导航
        return false
      } else {
        // 意外错误，取消导航并把错误传给全局处理器
        throw error
      }
    }
  }
})
```

3）全局后置钩子

全局后置钩子使用 router.afterEach 进行注册，全局后置钩子在导航被确认之后调用。和守卫不同的是，全局后置钩子不会改变导航本身，它常被用于更改页面标题、发布页面和其他一些辅助功能。全局后置钩子注册的代码如下所示。

```
const router = createRouter({ ... })

router.afterEach((to, from) => {
  sendToAnalytics(to.fullPath)
})
```

全局后置钩子还可以接收一个表示导航失败的参数 failure，以此来判断是否需要执行钩子内的功能，代码如下所示。

```
const router = createRouter({ ... })

router.afterEach((to, from, failure) => {
  if (!failure) sendToAnalytics(to.fullPath)
})
```

2. 路由独享守卫

路由独享守卫是在路由的配置对象中直接注册的 beforeEach 方法，如以下代码所示。

```
const routes = [
  {
    path: '/users/:id',
    component: UserDetails,
    beforeEnter: (to, from) => {
      // reject the navigation
      return false
    },
  },
]
```

beforeEnter 守卫只在进入路由时触发，不会在参数 params、查询参数 query 或 hash 改变时触发。例如从 /users/1 进入到 /users/2 或者从 /users/2#info 进入到 /users/2#projects 时都不会触发路由独享守卫，只有从一个不同的路由导航进入时才会被触发。

也可以将一个函数数组传递给 beforeEnter，以此来提高路由独享守卫的复用性，代码如下所示。

```
function removeQueryParams(to) {
  if (Object.keys(to.query).length)
    return { path: to.path, query: {}, hash: to.hash }
}

function removeHash(to) {
  if (to.hash) return { path: to.path, query: to.query, hash: '' }
}

const routes = [
  {
    path: '/users/:id',
    component: UserDetails,
    beforeEnter: [removeQueryParams, removeHash],
  },
```

```
{
    path: '/about',
    component: UserDetails,
    beforeEnter: [removeQueryParams],
  },
]
```

3. 组件级守卫

组件级守卫是在路由组件内直接定义的路由导航守卫,组件级守卫有三种,分别是:beforeRouteEnter、beforeRouteUpdate 以及 beforeRouteLeave,它们的使用方法如以下代码所示。

```
const UserDetails = {
  template: `...`,
  beforeRouteEnter(to, from) {
    // 在渲染该组件的对应路由被验证前调用
    // 不能获取组件实例 `this`
    // 因为当守卫执行时,组件实例还没被创建
  },
  beforeRouteUpdate(to, from) {
    // 在当前路由改变,但是该组件被复用时调用
    // 例如对于一个带有动态参数的路径 `/users/:id`,在 `/users/1` 和 `/users/2` 之间跳转
// 的时候,
    // 由于会渲染同样的 `UserDetails` 组件,因此组件实例会被复用。而这个钩子就会在
// 这个情况下被调用。
    // 因为在这种情况发生的时候,组件已经挂载好了,导航守卫可以访问组件实例 `this`
  },
  beforeRouteLeave(to, from) {
    // 在导航离开渲染该组件的对应路由时调用
    // 与 `beforeRouteUpdate` 一样,它可以访问组件实例 `this`
  },
}
```

其中 beforeRouteEnter 守卫不能访问 this,因为该守卫是在导航确认前被调用的,此时新的组件还未被创建。但是开发者可以通过发送一个回调函数给可选的 next 方法来访问组件实例。当导航被确认时可执行回调,并且把组件实例传入回调方法作为参数,代码如下所示。

```
beforeRouteEnter (to, from, next) {
  next(vm => {
    // 通过 `vm` 访问组件实例
```

```
  })
}
```

在组件级守卫中，beforeRouteEnter 是唯一支持给 next 方法传递回调函数的守卫，对于 beforeRouteUpdate 和 beforeRouteLeave 守卫来说 this 已经可用，所以不支持传递回调。

4. 导航守卫解析流程

导航守卫的解析流程如下所示。

(1) 导航被触发。

(2) 在失活的组件里调用 beforeRouteLeave 守卫。

(3) 调用全局的 beforeEach 守卫。

(4) 在重用的组件里调用 beforeRouteUpdate 守卫。

(5) 在路由配置里调用 beforeEnter。

(6) 解析异步路由组件。

(7) 在被激活的组件里调用 beforeRouteEnter。

(8) 调用全局的 beforeResolve 守卫。

(9) 导航被确认。

(10) 调用全局的 afterEach 钩子。

(11) 触发 DOM 更新。

(12) 调用 beforeRouteEnter 守卫中传给 next 的回调函数，创建好的组件实例会作为回调函数的参数传入。

1. 书籍商城添加路由功能

第一步：在项目中安装 Vue Router 后，在 Vue 程序的入口文件 main.js 文件中引入 Vue Router，如代码 7-20 所示。

```
代码 7-20 main.js

import { createApp } from 'vue'
import App from './App.vue'
import axios from 'axios'
import VueAxios from 'vue-axios'
import router from './router'


createApp(App) .use(VueAxios, axios).use(router).mount('#app')
```

第二步：在 src 目录中创建 router 文件夹，在 router 文件夹下创建 index.js 文件用以配置书籍商城组件的路由,并在其中配置导航守卫,使用户必须登录才能使用搜索功能,如代码7-21 所示。

代码 7-21 main.js

```javascript
import { createRouter, createWebHistory } from 'vue-router'
import Home from '@/components/Home'
import store from '@/store'
const routes = [
  {
    path: '/',
    redirect: {
      name: 'home'
    }
  },
  {
    path: '/home',
    name: 'home',
    meta: {
      title: ' 首页 '
    },
    component: Home
  },
  {
    path: '/newBooks',
    name: 'newBooks',
    meta: {
      title: ' 新书上市 '
    },
    component: () => import('../components/HomeBooksNew.vue')
  },
  {
    path: '/category/:id',
    name: 'category',
    meta: {
      title: ' 图书分类 '
    },
    component: () => import('../components/Books.vue')
  },
  {
```

```
      path: '/search',
      name: 'search',
      meta: {
        title: ' 搜索结果 ',
        // 设置必须登录权限才能路由
        requiresAuth: true
      },
      component: () => import('../components/Books.vue')
  },
  {
      path: '/book/:id',
      name: 'book',
      meta: {
        title: ' 图书 '
      },
      component: () => import('../components/Book.vue')
  },
  {
      path: '/register',
      name: 'register',
      meta: {
        title: ' 注册 '
      },
      component: () => import('../components/UserRegister.vue')
  },
  {
      path: '/login',
      name: 'login',
      meta: {
        title: ' 登录 '
      },
      component: () => import('../components/UserLogin.vue')
  }
]
const router = createRouter({
  history: createWebHistory(process.env.BASE_URL),
  routes
})
```

```
// 设置页面的标题
router.afterEach((to) => {
    document.title = to.meta.title;
})
router.beforeEach(to => {
    // 判断该路由是否需要登录权限
    if (to.matched.some(record => record.meta.requiresAuth))
    {
        // 路由需要验证,判断用户是否已经登录
        if(store.state.user.user){
            return true;
        }
        else{
            return {
                // 如果没有登录,路由到登录页面
                path: '/login',
                // 登录成功后返回登陆前路由的页面
                query: {redirect: to.fullPath}
            };
        }
    }
    else
        return true;
})
export default router
```

第三步：为 Header.vue 组件中的登录 / 注册按钮、Menus.vue 组件的首页、新书标签以及 HeaderSearch.vue 组件的搜索栏添加路由,代码如下所示。

```
//Header.vue
<template>
    <div class="header">
        <HeaderSearch />
        <HeaderCart/>
        <span v-if="!user"> 你好, 请 <router-link to="/login"> 登 录 </router-link>  免 费 <router-link to="/register"> 注册 </router-link></span>
        <span v-else> 欢迎您, {{ user.username }}, <a href="javascript:;" > 退出登录 </a></span>
```

```
    </div>
</template>
······


//Menus.vue
<template>
  <div class="menus">
    <ul>
      <li>
        <router-link to="/home"> 首页 </router-link>
      </li>
      <li>
        <router-link to="/newBooks"> 新书 </router-link>
      </li>
      ······
    </ul>
  </div>
</template>


//HeaderSearch.vue
<template>
  <div class="headerSearch">
      <input type="search" v-model.trim="keyword">
      <button @click="search"> 搜索 </button>
  </div>
</template>

<script>
  export default {
    name:'HeaderSearch',
    data () {
      return {
        keyword: "
      };
    },
    methods: {
      search(){
```

```
        // 当查询关键字与当前路由对象中的查询参数 wd 值不同时，才调用 $router.push
方法
        if(this.keyword != this.$route.query.wd)
            this.$router.push({path: '/search', query: {wd: this.keyword}})
    }
  },
}
</script>
```

2. 实现分类书籍显示及书籍详情显示页面

第一步：在 components 目录下创建 Books.vue 组件，用以渲染图书某分类下的书籍和搜索栏查询后的书籍，页面效果如图 7-10 所示。

图 7-10 外国文学分类下的书籍

Books.vue 组件如代码 7-22 所示。

代码 7-22 Book.vue

```html
<template>
  <div>
    <h3> 图书列表 </h3>
    <div v-if="books.length">
      <div v-for="book in books" :key="book.id">
        <div class="bookListbook">
          <div>
            <img :src="book.imgUrl">
          </div>
          <p class="title">
            <router-link
                :to="{name: 'book', params: {id: book.id}}"
                target="_blank">
              {{ book.title }}
            </router-link>
          </p>
          <p>
<span class="factPrice">
  {{ currency(factPrice(book.price, book.discount)) }}
</span>
            <span>
  定价：<i class="price">{{ currency(book.price) }}</i>
</span>
          </p>
          <p>
            <span>{{ book.author }}</span> /
            <span>{{ book.publishDate }}</span> /
            <span>{{ book.bookConcern }}</span>
          </p>
          <p>
            {{ book.brief }}
          </p>
          <p>
            <button
                class="addCartButton"
                @click=addToCart(book)>
              加入购物车
```

```
                </button>
            </p>
        </div>
      </div>
    </div>
    <h1>{{ message }}</h1>
  </div>
</template>
<script>
  import {mapActions} from "vuex";
  export default {
    name: 'Books',
    data () {
      return {
        books: [],
        message: ",
      };
    },
    created(){
      this.axios.get(this.$route.fullPath)
          .then(response => {
              if(response.status == 200){
                  this.books = response.data;
                  if(this.books.length === 0){
                      if(this.$route.name === "category")
                        this.message = " 当前分类下没有图书！ "
                      else
                        this.message = " 没有搜索到匹配的图书！ "
                  }
              }
          })
          .catch(error => console.log(error));
    },
    inject: ['factPrice', 'currency'],
    methods: {
        // 使用 Vuex 实现购物车状态统一管理，addProductToCart 方法功能是将书籍添加
进购物车
        ...mapActions('cart', {
```

```
            // 将 this.addCart 映射为 this.$store.dispatch('cart/addProductToCart')
            addCart: 'addProductToCart'
        }),
        addToCart(book){
            let quantity = 1;
            let newbook = {
                ...book,
                price: this.factPrice(book.price, book.discount),
                quantity
            };
            this.addCart(newbook);
            this.$router.push("/cart");
        }
    },
}
</script>
<style scoped>
.bookListbook {
    border-bottom: solid 1px #ccc;
    margin-top: 10px;
    margin-left: 30px;
    margin-right: 30px;
}
.bookListbook p{
    text-align: left;
}
.bookListbook p span{
    padding-left: 10px;
}
.bookListbook img{
    width: 180px;
    height: 180px;
    float: left;
}
.addCartButton{
    padding: 5px 10px 6px;
    color: #fff;
    border: none;
```

```
    border-bottom: solid 1px #222;
    border-radius: 5px;
    box-shadow: 0 1px 3px #999;
    text-shadow: 0 -1px 3px #444;
    cursor: pointer;
    background-color: #e33 100;
}
.addCartButton:hover {
    text-shadow: 0 1px 1px #444;
}
.bookListbook .price {
    color: #cdcdcd;
    text-decoration: line-through;
}
.bookListbook .factPrice{
    color: red;
    font-weight: bold;
}
.bookListbook .title{
    color: #e00;
}
</style>
```

第二步：在 components 目录下创建 Book.vue 组件，用以显示单本书籍的详细内容，页面效果如图 7-11 所示。

图 7-11　书籍详情页面

Book.vue 组件如代码 7-23 所示。

代码 7-23 Book.vue

```html
0<template>
  <div class="book">
    <img :src="book.imgUrl" />
    <div>
      <div class="bookInfo">
        <h3>{{ book.title }}</h3>
        <p>{{ book.brief }}</p>
        <p>
          <span> 作者: {{ book.author }}</span>
          <span> 出版社: {{ book.bookConcern }}</span>
          <span> 出版日期: {{ book.publishDate }}</span>
        </p>
        <p>
          <span class="factPrice">
            {{ currency(factPrice(book.price,book.discount)) }}
          </span>
          <span class="discount">
            [{{ formatDiscount(book.discount) }}]
          </span>
          <span>[ 定价 <i class="price">{{ currency(book.price) }}</i>]</span>
        </p>
      </div>

    </div>
    <div class="detail">
      <div class="frame">
        {{ book.detail }}
      </div>
    </div>
    <div class="addCart">
      <AddSubtractButton :quantity="quantity" @updateQuantity="handleUpdate"/>
      <button class="addCartButton" @click="addCart(book)"> 加入购物车 </button>
    </div>
  </div>
</template>
<script>
```

```
import AddSubtractButton from '@/components/AddSubtractButton'
import { mapActions } from 'vuex'
export default {
  name: 'Book',
  data () {
    return {
      book: {},
      quantity: 0
    }
  },
  inject: ['factPrice', 'currency'],
  components: {
    AddSubtractButton,
  },
  created(){
    this.axios.get(this.$route.fullPath)
      .then(response => {
        if(response.status == 200){
          this.book = response.data;
        }
      }).catch(error => alert(error));
  },
  methods: {
    // 子组件 AddSubtractButton 的自定义事件 updateQuantity 的处理函数
    handleUpdate(value){
      this.quantity = value;
    },
    addCart(book){
      let quantity = this.quantity;
      if(quantity === 0){
        quantity = 1;
      }
      let newItem = {...book, price: this.factPrice(book.price, book.discount)};
      this.addProductToCart({...newItem, quantity});
      this.$router.push('/cart');
    },
    // 使用 Vuex 实现购物车状态统一管理，addProductToCart 方法功能是将书籍添加
// 进购物车
```

```
        ...mapActions('cart', [
          'addProductToCart'
        ]),
        // 格式化折扣数据
        formatDiscount(value){
          if(value){
            let strDigits = value.toString().substring(2);
            strDigits += " 折 ";
            return strDigits;
          }
          else
            return value;
        }
      },
    }
</script>
<style scoped>
.book {
  width: 1 100px;
  margin-top: 60px;
  text-align: left;
}
.book img {
  margin-left: 50px;
  float: left;
  width: 200px;
  height: 200px;
}
.book .bookInfo {
  margin-left: 20px;
  float: left;
  width: 800px;
  background-color: #eee;
  padding-left: 20px;
  padding-top: 5px;
}
.book .addCart {
  float: right;
```

```css
        margin-top: 20px;
}
.book .addCartButton{
        padding: 5px 10px 6px;
        color: #fff;
        border: none;
        border-bottom: solid 1px #222;
        border-radius: 5px;
        box-shadow: 0 1px 3px #999;
        text-shadow: 0 -1px 3px #444;
        cursor: pointer;
    background-color: #e33 100;
    display: block;
    margin-left: 80px;
}
.addCartButton:hover {
    text-shadow: 0 1px 1px #444;
}
.book span{
    padding-right: 15px;
}
.book .price {
    color: gray;
    text-decoration: line-through;
}
.book .discount{
    color: red;
}
.book .factPrice{
    color: red;
    font-weight: bold;
}
.detail{
    float: left;
    width: 100%;
    text-align: left;
    margin-left: 80px;
    margin-top: 20px;
```

```
}
.frame {
  border: solid 1px #ccc;
  padding: 10px;
}
</style>
```

第三步: 在 components 目录下创建 AddSubtractButton.vue 组件,组件以"+""-"按钮的形式增减 Book.vue 组件中 quantity 属性值,如代码 7-24 所示。

代码 7-24 AddSubtractButton.vue

```
<template>
  <div class="addSubtractButton">
    <input v-model="quantity" type="number">
    <div>
      <a class="add" href="javascript:;" @click="handleAdd">+</a>
      <a class="sub" @click="handleSubtract"
        :class="{disabled: quantity === 0, actived: quantity > 0}"
        href="javascript:;" >
        -
      </a>
    </div>
  </div>
</template>
<script>
  export default {
    data(){
      return {
        quantity: 0
      }
    },
    name:'AddSubtractButton',
    methods: {
      // 增加选购数量
      handleAdd(){
        this.quantity++;
        this.$emit("update-quantity", this.quantity);
      },
      // 减少选购数量
```

```
        handleSubtract(){
            this.quantity--;
            this.$emit("update-quantity", this.quantity);
        }
    }
}
</script>
<style scoped>
.addSubtractButton input{
    height: 30px;
    width: 30px;
    float: left;
    text-align: center;
}
.addSubtractButton div{
    width: 15px;
    height: 30px;
    float: left;
    margin: 0;
    padding: 0;

}
.addSubtractButton a{
    text-align: center;
    vertical-align: middle;
    height: 16px;
    width: 16px;
    background-color: #ccc;
    text-decoration: none;
    border: solid 1px gray;
    display: inline-block;
    margin: 0;
    padding: 0;
    outline: none;
}

.addSubtractButton a.add{
    margin-top: -1px;
```

```
    color: black;
}

.addSubtractButton a.sub{
    margin-top: -3px;
    border-top: none;
}
input::-webkit-outer-spin-button, input::-webkit-inner-spin-button {
    -webkit-appearance: none !important;
    margin: 0;
}
.disabled {
    pointer-events: none;
    color: gray;
    cursor: default;
}
.actived{
    color: black;
}
</style>
```

 任务总结

　　本次任务讲解了使用 Vue Router 实现书籍商城路由功能,使用 Vue Router 实现分类书籍显示以及书籍详情显示页面,通过对本次任务的学习,加深了对于 Vue Router 各种功能及特性的理解,更加深入地理解了为 Vue 程序实现路由的过程。

 英语角

route	路由
navigation	导航
resolve	解决

subscription   订阅
preview   预展

一、选择题

1. Vue router 的导航守卫不包含哪个（   ）。

A. 全局守卫   B. 局部守卫   C. 组件级守卫   D. 路由独享守卫

2. 路由匹配语法中"?"修饰符的作用是（   ）。

A. 匹配任意内容   B. 标记为重复匹配（0 个或多个）

C. 标记为重复匹配（1 个或多个）   D. 标记为可选参数

3. 下列关于 push 方法错误的是（   ）。

A. push 方法内可以同时使用 path 参数与 params 参数

B. <router-link> 标签是靠 push() 方法来实现的

C. push 的参数可以是一个字符串路径

D. push 的参数可以是一个描述地址的对象

二、简答题

1. 历史模式中 Hash 模式和 HTML5 模式有什么区别？

2. 如何定义动态路由？动态路由怎么获取传过来的动态参数？

项目八　书籍商城购物结算功能实现

通过学习 Vuex 的基本功能,掌握 getter 和 action 等函数的使用,掌握如何将 Vuex 模块化管理。具有运用所学的相关知识编写书籍商城购物结算功能实现的能力,在任务实现过程中:

● 了解和掌握 Vuex 基础功能;
● 掌握 getter 和 action 函数的用法;
● 掌握 Vuex 模块的用法;
● 掌握组合式 API 调用 Vuex 的方法。

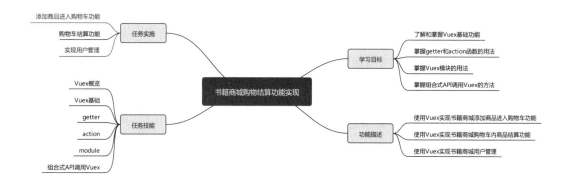

【情景导入】

Vue 的父组件可以通过 prop 向子组件中传递数据，子组件通过自定义事件向父组件传递数据，然而在实际项目中，常常会遇到多个组件访问同一数据的情况，而且都需要根据该数据的变化做出一定的响应，这些组件之间也不仅仅是父子组件的关系，在这种情况下，Vuex 可以作为一个全局的状态管理者来完成该过程。

【功能描述】

● 使用 Vuex 实现书籍商城添加商品进入购物车功能。
● 使用 Vuex 实现书籍商城购物车内商品结算功能。
● 使用 Vuex 实现书籍商城用户管理。

技能点 1   Vuex 概览

1.Vuex 简介

Vuex 是一个专为 Vue 应用程序开发的状态管理模式。它采用集中式存储管理应用的所有组件的状态，并以相应的规则保证状态以一种可预测的方式发生变化。Vuex 也可集成到 Vue 的官方调试工具 devtools extension，提供了诸如零配置的 time-travel 调试、状态快照导入导出等高级调试功能。先来看下面的示例代码。

```
new Vue({
  // state
  data () {
    return {
      count: 0
    }
  },
  // view
  template: `
    <div>{{ count }}</div>
  `,
  // actions
  methods: {
    increment () {
      this.count++
    }
  }
})
```

这是一个简单的 Vue 计数应用,这个状态自管理应用包含以下几个部分:

(1)State(状态),驱动应用的数据源;

(2)View(视图),以声明方式将 State 映射到视图;

(3)Actions(操作),响应在 View 上的用户输入导致的状态变化。

它们之间是一种单向数据流的关系,如图 8-1 所示。

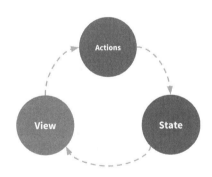

图 8-1　状态、视图、操作关系

但是,当应用遇到多个组件共享状态时,单向数据流的简洁性很容易被下列情况所破坏:

(1)多个视图依赖于同一状态;

(2)来自不同视图的行为需要变更同一状态。

对于第一种情况,传参的方法对于多层嵌套的组件将会非常烦琐,并且对于兄弟组件间的状态传递无能为力。对于第二种情况,常常会采取父子组件直接引用,或者通过事件来变更或同步状态的多份拷贝。以上的这些解决方案非常不确定,通常会导致代码难以进行后续开发和维护。

因此,Vuex 提供了一个将组件的共享状态抽取出来,并可以用一个全局单例来进行管理的模式。在这种模式下,组件树构成了一个巨大的"视图",不管在树的哪个位置,任何组件都能获取状态或者触发行为。通过定义和隔离状态管理中的各种概念并通过强制规则维持视图和状态间的独立性,代码将会变得更结构化且易维护。

Vuex 的工作原理如图 8-2 所示。

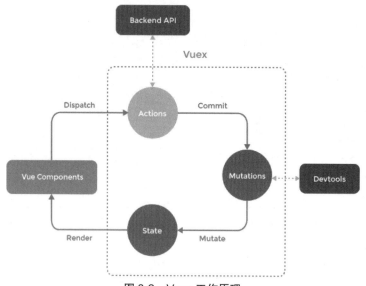

图 8-2　Vuex 工作原理

2. 安装 Vuex

Unpkg.com 提供了基于 NPM 的 Vuex 项目 CDN 链接,引用后即可在项目中加载 Vuex,使用方法如以下代码所示。

```
<script src="https://unpkg.com/vuex@next"></script>
```

如果需要引入特定版本的 Vuex,可以使用如以下代码。

```
<script src="https://unpkg.com/vuex@2.0.0"></script>
```

在模块化开发中,可以使用 NPM 或者 YARN 来安装 Vuex,代码如下所示。

```
//npm 安装
npm install vuex@next –save

//yarn 安装
yarn add vuex@next
```

在 Vue3.0 的脚手架项目中,需要在 main.js 文件中创建 store 实例,并使用 Vue 的 use

方法来将 store 实例作为插件来安装，代码如下所示。

```
import { createApp } from 'vue'
import { createStore } from 'vuex'
const store = createStore({
    state(){
        return {
            count:1
        }
    }
})
createApp(App).use(store).mount('#app')
```

技能点 2　Vuex 基础

1. 创建 Vuex 实例

Vuex 是一种单一状态树，也就是使用一个对象来包含全部的应用层级状态，使其作为一个唯一数据源（Single Source Of Truth）而存在。单一状态树使得开发者能够直接定位到任一特定的状态片段，在调试的过程中也能轻易地取得整个当前应用状态的快照。

Vuex 应用的核心是 store（仓库），store 是一种容纳应用程序的容器，它保存着应用中大部分的状态 (state)。store 和单纯的全局对象有以下两点不同。

（1）Vuex 的状态存储是响应式的。当 Vue 组件从 store 中读取状态的时候，若 store 中的状态发生变化，那么相应的组件也会相应地得到高效更新。

（2）不能直接改变 store 中的状态。改变 store 中的状态的唯一途径就是显式地提交 mutation。这样使得开发者可以方便地跟踪每一个状态的变化，并使用一些工具帮助开发者更好地了解应用。

创建 store 仅需要提供一个初始 state 对象和一些 mutation，方法如以下代码所示。

```
import { createApp } from 'vue'
import { createStore } from 'vuex'

// 创建一个新的 store 实例
const store = createStore({
  state () {
    return {
      count: 0
    }
```

```
  },
  mutations: {
    increment (state) {
      state.count++
    }
  }
})

const app = createApp({ /* 根组件 */ })

// 将 store 实例作为插件安装
app.use(store)
```

store 创建完成后，即可通过以下代码来获取状态对象。

```
store.state.count
```

在 Vue 组件中，可通过 this.$store 来访问 store 实例，示例如以下代码所示。

```
methods: {
  increment() {
    this.$store.commit('increment')
    console.log(this.$store.state.count)
  }
}
```

Vuex 之所以要通过提交 mutation，而非直接改变 store.state.count 的方式来修改状态，是因为这样可以更明确地追踪到状态的变化，使解读应用内部的状态改变变得更加简单，也让开发者可以去实现一些能记录每次状态改变，保存状态快照的调试功能。由于 store 中的状态是响应式的，在组件中调用 store 中的状态简单到仅需要在计算属性中返回即可。触发变化也仅仅是在组件的 methods 中提交 mutation。

2. 组件获取 Vuex 状态

由于 Vuex 的状态存储是响应式的，所以一个组件从 store 实例中获取状态最简单的方法是创建一个计算属性，并在计算属性中返回需要获取的状态，如以下代码所示。

```
// 创建一个 Counter 组件
const Counter = {
  template: `<div>{{ count }}</div>`,
  computed: {
    count () {
// 获取状态
      return store.state.count
```

```
    }
  }
}
```

每当 store.state.count 发生变化时，都会重新求取计算属性，并更新其相关联的 DOM。但是这种模式会使组件依赖全局状态 store 单例，在模块化的构建系统中，这会导致每个使用 state 的组件频繁地导入 store 单例。对于上述情况，Vuex 通过 Vue 的插件系统将 store 实例从根组件中"注入"到所有的子组件里，且子组件能通过 this.$store 被访问到，如以下代码所示。

```
const Counter = {
  template: `<div>{{ count }}</div>`,
  computed: {
    count () {
      return this.$store.state.count
    }
  }
}
```

当一个组件需要获取多个状态时，将这些状态一一声明为计算属性会使代码变得重复且冗余，开发者可以使用 Vuex 提供的 mapState 辅助函数来自动生成计算属性，使代码变得更加简洁，使用方法如以下代码所示。

```
// 创建一个新的 store 实例
const store = createStore({
  state () {
    return {
      count: 0,
      message: 'Hi'
    }
  }
})

// 在单独构建的版本中辅助函数为 Vuex.mapState
import { mapState } from 'vuex'

export default {
  // ...
  computed: mapState({
// mapState 中声明格式为：计算属性名 :store 中状态属性的名字
    count: 'count',
```

```
    msg: 'message'

// `state => state.count` 等同于字符串参数 'count'
    count: state => state.count,

// 另一种写法
msg: function(state){
    return state.message
}
    })
}
```

如果计算属性中还需要访问组件内数据，那么只能以普通函数的形式在 mapState 中进行声明，如以下代码所示。

```
import {mapState} from 'vuex'

export default {
  data(){
    return{
      localCount:10
    }
  },
  computed:mapState({
    countPlusLocalState (state) {
      return state.count + this.localCount
    }
  })
}
```

如果映射的计算属性的名称与 state 的子节点名称相同，那么直接向 mapState 传一个字符串数组即可完成声明，如以下代码所示。

```
computed: mapState([
  // 映射 this.count 为 store.state.count
  'count'
  // 映射 this.message 为 store.state.message
  'message'
])
```

mapState 函数返回的是一个对象，开发者可以使用展开运算符将该返回对象与组件内的计算属性混合使用，如以下代码所示。

```
computed: {
  localComputed () { /* ... */ },
  // 使用展开运算符将此对象混入到外部对象中
  ...mapState({
    // ...
  })
}
```

3. 更改 Vuex 中的状态

更改 Vuex 中 store 状态的方法是提交 mutation，mutation 非常类似于事件，每个 mutation 都有一个字符串的事件类型 (type) 和一个回调函数 (handler)。这个回调函数就是实际进行状态更改的地方，并且它会接受 state 作为第一个参数。

```
const store = createStore({
  state () {
    count: 1
  },
  mutations: {
    // 接受 state 作为第一个参数
    increment (state) {
    // 变更状态
      state.count++
    }
  }
})
```

开发者不能直接调用一个 mutation 处理函数，mutation 更类似于事件注册：当触发一个类型为 increment 的 mutation 时，调用此函数。要调用一个 mutation 处理函数，需要以相应的 type 调用 store.commit() 方法，如以下代码所示。

```
store.commit('increment')
```

在使用 commit() 方法提交指定的 mutation 类型，就是定义在 mutations 中处理器函数的名字。开发者要避免直接修改状态，如以下代码所示。

```
// 不要使用如下方式修改状态
methods: {
  modify() {
    this.$store.state.objects.push({……})
  }
}
```

Vuex 中可以通过开启严格模式来避免直接修改状态，在严格模式下，无论何时发生了不是由 mutation 函数所触发的状态变化,程序都将直接抛出错误。这样可以避免直接修改状态而引发的 Vue 调试工具无法追踪的问题,开启的方式如以下代码所示。

```
const store = createStore({
  // ...
  strict: true
})
```

需要注意的是,在发布环境下不要使用严格模式,严格模式会深度监测状态树来检测不合规的状态变更,从而造成程序的性能损失。

在使用 commit() 方法提交 mutation 函数时,还可以向其中传入额外的参数,即 mutation 的载荷(payload),如以下代码所示。

```
// ...
mutations: {
  // 定义额外载荷
  increment (state, n) {
    state.count += n
  }
}

// 提交修改
store.commit('increment', 10)
```

在大多数情况下载荷是一个对象,这样可以使其包含多个字段,并且定义的 mutation 会更易读,如以下代码所示。

```
// ...
mutations: {
  // 定义载荷对象
  increment (state, payload) {
    state.count += payload.amount
  }
}

// 提交修改
store.commit('increment', {
  amount: 10
})
```

或者可以使用包含 type 属性的对象来提交 mutation,如以下代码所示。

```
store.commit({
  type: 'increment',
  amount: 10
})
```

当使用包含 type 属性的对象来进行提交时,整个对象都会被当作载荷传递给 mutation 函数,因此处理函数保持不变,如以下代码所示。

```
mutations: {
  increment (state, payload) {
    state.count += payload.amount
  }
}
```

还可以使用常量代替 mutation 事件类型进行提交,这样可以把常量统一编写在一个单独的文件中,有助于开发者对项目中 store 所包含的 mutation 进行更高效的管理,如以下代码所示。

```
// mutation-types.js
export const SOME_MUTATION = 'SOME_MUTATION'

// store.js
import { createStore } from 'vuex'
import { SOME_MUTATION } from './mutation-types'

const store = createStore({
  state: { ... },
  mutations: {
    // 可以使用 ES2 015 风格的计算属性命名功能来使用一个常量作为函数名
    [SOME_MUTATION] (state) {
      // 修改 state
    }
  }
})
```

在组件中如果一次需要提交多个 mutation,将它们一一使用 this.$store.commit('xxx') 方法进行提交会使代码变得重复且冗余,开发者可以使用 Vuex 提供的 mapMutations 辅助函数,在组件中映射 mutation 内的方法,以便在该组件中直接使用 mutation 中的方法,如以下代码所示。

```
import {mapMutations} from 'vuex'

export default {
    ……
    methods:mapMutations([
        // 将 `this.increment()` 映射为 `this.$store.commit('increment')`
        'increment',

        // `mapMutations` 也支持载荷：将 `this.incrementBy(amount)`
        // 映射为 `this.$store.commit('incrementBy', amount)`
        'incrementBy'
    ])
}
```

mapMutation() 函数的参数也可以是一个对象，如以下代码所示。

```
methods:mapMutations({
    // 将 `this.add()` 映射为 `this.$store.commit('increment')`
    add: 'increment'
})
```

mapMutation() 函数返回的是一个对象，开发者可以使用展开运算符将该返回对象与组件内方法混合使用，如以下代码所示。

```
import { mapMutations } from 'vuex'

export default {
    // ...
    methods: {
        ...mapMutations([
            'increment',
            'incrementBy'
        ]),
        ...mapMutations({
            add: 'increment'
        })
    }
}
```

在实际开发中需要注意，mutation 必须是同步函数不能被异步执行，如以下代码所示。

```
mutations: {
  someMutation (state) {
    api.callAsyncMethod(() => {
      state.count++
    })
  }
}
```

当开发者在 debug 应用并且观察 devtools 中的 mutation 日志时,每一条 mutation 都会被记录,devtools 需要捕捉到状态改变前后的快照。但在上述的例子中,mutation 中异步函数的回调使状态的改变无法被完整记录,因为当 mutation 被触发时,回调函数还没有被调用,devtools 也不知道什么时候回调函数会被调用。

技能点 3　getter

有时需要从 store 中的 state 派生出一些状态,例如对列表进行过滤并计数,如以下代码所示。

```
computed: {
  doneTodosCount () {
    return this.$store.state.todos.filter(todo => todo.done).length
  }
}
```

如果有多个组件需要用到此属性,一般可以复制函数代码,或者抽取到一个公共函数中然后在多处导入,这两种方法都不那么简便。Vuex 提供了在 store 中定义"getter"的方法来解决上述问题,它就像是 store 的计算属性一样,getter 的返回值会根据它的依赖被缓存起来,且只有当它的依赖值发生改变时才会被重新计算。getter 接受 state 作为其第一个参数,如以下代码所示。

```
const store = new Vuex.Store({
  state: {
    todos: [
      { id: 1, text: '...', done: true },
      { id: 2, text: '...', done: false }
    ]
  },
  getters: {
    doneTodos: state => {
```

```
        return state.todos.filter(todo => todo.done)
      }
    }
})
```

　　getter 会暴露为 store.getters 对象，开发者可以以属性的形式来访问它们，如以下代码所示。

```
// -> [{ id: 1, text: '...', done: true }]
store.getters.doneTodos
```

　　getter 也可以接收其他 getter 作为第二个参数，如以下代码所示。

```
getters: {
  // ...
  doneTodosCount: (state, getters) => {
    return getters.doneTodos.length
  }
}

// 以属性形式进行访问
store.getters.doneTodosCount        // -> 1
```

　　或者可以通过让 getter 返回一个函数，来实现给 getter 传参，此种方式常用于对 store 中的数组进行查询，如以下代码所示。

```
getters: {
  // ...
  getTodoById: (state) => (id) => {
    return state.todos.find(todo => todo.id === id)
  }
}

store.getters.getTodoById(2)    // -> { id: 2, text: '...', done: false }
```

　　在组件内可以使用计算属性对 getter 进行调用，如以下代码所示。

```
computed: {
  doneTodosCount () {
    return this.$store.getters.doneTodosCount
  }
}
```

　　与 mapState 和 mapMutation 相同，Vuex 同样提供了 mapGetters 辅助函数来帮助开发者

进行开发，mapGetters 辅助函数可以将 store 中的 getter 映射到局部计算属性中，如以下代码所示。

```
import { mapGetters } from 'vuex'

export default {
  // ...
  computed: {
  // 使用对象展开运算符将 getter 混入 computed 对象中
    ...mapGetters([
      'doneTodosCount',
      'anotherGetter',
      // ...
    ])
  }
}
```

技能点 4　action

action 的功能类似于 mutation，它们不同的地方有两点：Action 提交的是 mutation，而不是直接变更状态；Action 可以包含任意异步操作。

1. 注册 action

注册 action 的方法如下。

```
const store = createStore({
  state: {
    count: 0
  },
  mutations: {
    increment (state) {
      state.count++
    }
  },
  actions: {
    increment (context) {
      context.commit('increment')
    }
```

```
    }
})
```

action 函数接受一个与 store 实例具有相同方法和属性的 context 对象，context 对象可以调用内部的 commit 方法来提交一个 mutation，通过 context.state 和 context.getters 方法来获取 state 和 getters，通过 store.dispatch 方法来调用其他 action。

在复杂需求中，如果 action 需要多次调用 commit，可以使用 ES6 中的解构语法简化代码，语法如下所示。

```
actions: {
  increment ({ commit }) {
    commit('increment')
  }
}
```

2. 分发 action

action 函数常常被用来执行异步操作，如以下代码所示。

```
actions: {
  incrementAsync ({ commit }) {
    setTimeout(() => {
      commit('increment')
    }, 1000)
  }
}
```

注册完成后的 action 可以通过以下方法进行分发使用。

```
store.dispatch('incrementAsync')}
```

action 支持以同样的载荷方式和对象方式进行分发。

```
// 以载荷形式分发
store.dispatch('incrementAsync', {
  amount: 10
})

// 以对象形式分发
store.dispatch({
  type: 'incrementAsync',
  amount: 10
})
```

action 的典型示例如以下代码所示，其中涉及了调用程序异步 API 和分发多重

mutation。

```
actions: {
  checkout ({ commit, state }, products) {
    // 把当前购物车的物品备份起来
    const savedCartItems = [...state.cart.added]
    // 发出结账请求，然后清空购物车
    commit(types.CHECKOUT_REQUEST)
    // 购物 API 接受一个成功回调和一个失败回调
    shop.buyProducts(
      products,
      // 成功操作
      () => commit(types.CHECKOUT_SUCCESS),
      // 失败操作
      () => commit(types.CHECKOUT_FAILURE, savedCartItems)
    )
  }
}
```

组件中分发 action 可以使用 this.$store.dispatch('xxx') 语句来进行，或者使用 mapActions 辅助函数将组件的 methods 映射为 store.dispatch 调用，代码如下所示。

```
import { mapActions } from 'vuex'

export default {
  // ...
  methods: {
    ...mapActions([
      'increment', // 将 `this.increment()` 映射为 `this.$store.dispatch('increment')`

      // `mapActions` 也支持载荷:
      'incrementBy' // 将 `this.incrementBy(amount)` 映射为 `this.$store.dispatch('increment
//By', amount)`
    ]),
    ...mapActions({
      add: 'increment' // 将 `this.add()` 映射为 `this.$store.dispatch('increment')`
    })
  }
}
```

技能点 5　module

1.module 使用方法

Vue 使用单一状态树,导致应用的所有状态都会集中在一个大的对象中,十分臃肿。如同现实的网络生活中,充斥着各类信息。有些网络使用者故意散播虚假信息,会造成不良影响。作为网络公民的一员,应该明辨是非、不要盲目跟风。

课程思政
明辨是非

当应用的功能不断增加,变得非常复杂时,store 对象就会变得十分臃肿。对于以上问题,可以将 store 分割成模块(module)。每个模块拥有各自的 state、mutation、action、getter 及嵌套子模块等,模块分割的使用方法如以下代码所示。

```
// 模块 A
const moduleA = {
    state: () => ({ ... }),
    mutations: { ... },
    actions: { ... },
    getters: { ... }
}

// 模块 B
const moduleB = {
    state: () => ({ ... }),
    mutations: { ... },
    actions: { ... }
}
//store 对象中引入模块 A、B
const store = new Vuex.Store({
    modules: {
        a: moduleA,
        b: moduleB
    }
})

store.state.a // -> moduleA 的状态
store.state.b // -> moduleB 的状态
```

2.module 的局部状态

对于模块内部的 mutation 和 getter，接收的第一个参数是模块的局部状态对象，如以下代码所示。

```
const moduleA = {
  state: () => ({
    count: 0
  }),
  mutations: {
    increment (state) {
      // 这里的 `state` 对象是模块的局部状态
      state.count++
    }
  },

  getters: {
    doubleCount (state) {
      return state.count * 2
    }
  }
}
```

同样地，对于模块内部的 actions，context.state 方法获取到的是局部状态，而程序的根节点状态则需要通过 context.rootState 方法来进行获取，如以下代码所示。

```
const moduleA = {
  // ...
  actions: {
    incrementIfOddOnRootSum ({ state, commit, rootState }) {
      if ((state.count + rootState.count) % 2 === 1) {
        commit('increment')
      }
    }
  }
}
```

对于模块内部的 getter，根节点状态可以在第三个参数位置进行获取并操作，如以下代码所示。

```
const moduleA = {
  // ...
  getters: {
    sumWithRootCount (state, getters, rootState) {
      return state.count + rootState.count
    }
  }
}
```

3.module 命名空间

默认情况下，模块内部的 action、mutation 和 getter 是注册在全局命名空间的，这样使得多个模块能够对同一 mutation 或 action 做出响应。如果开发者需要模块具有更高的封装度和复用性，可以通过添加 namespaced: true 的方式使其注册为带命名空间的模块。当模块被注册后，它的所有 getter、action 和 mutation 都会自动根据模块注册的路径调整命名。示例如以下代码所示。

```
const store = createStore({
  modules: {
    account: {
      namespaced: true,

      // 模块内容（module assets）
      state: () => ({ ... }), // 模块内的状态已经是嵌套的了,使用 `namespaced` 属性不会
对其产生影响
      getters: {
        isAdmin () { ... } // -> getters['account/isAdmin']
      },
      actions: {
        login () { ... } // -> dispatch('account/login')
      },
      mutations: {
        login () { ... } // -> commit('account/login')
      },
      // 嵌套模块
      modules: {
        // 继承父模块的命名空间
        myPage: {
          state: () => ({ ... }),
          getters: {
```

```
            profile () { ... } // -> getters['account/profile']
        }
    },

    // 进一步嵌套命名空间
    posts: {
        namespaced: true,
        state: () => ({ ... }),
        getters: {
            popular () { ... } // -> getters['account/posts/popular']
        }
    }
    }
    }
  }
})
```

启用了命名空间的 getter 和 action 会收到局部化的 getter、dispatch 和 commit。换言之，在使用模块内容（module assets）时不需要在同一模块内额外添加空间名前缀。更改 namespaced 属性后不需要修改模块内的代码。

如果要在带有命名空间的模块内访问全局 state 和 getters，rootState 和 rootGetters 会作为第三和第四参数传入 getter 函数，并通过 context 对象的属性传入 action。如果需要在全局命名空间内分发 action 或提交 mutation，则将 {root: true} 作为第三参数传入 dispatch 或 commit 即可，如以下代码所示。

```
modules: {
  foo: {
    namespaced: true,

    getters: {
      // 在这个模块的 getter 中，`getters` 被局部化了
      // 你可以使用 getter 的第四个参数来调用 `rootGetters`
      someGetter (state, getters, rootState, rootGetters) {
        getters.someOtherGetter // -> 'foo/someOtherGetter'
        rootGetters.someOtherGetter // -> 'someOtherGetter'
      },
      someOtherGetter: state => { ... }
    },
    actions: {
```

```
// 在这个模块中，dispatch 和 commit 也被局部化了
// 他们可以接受 `root` 属性以访问根 dispatch 或 commit
someAction ({ dispatch, commit, getters, rootGetters }) {
    getters.someGetter // -> 'foo/someGetter'
    rootGetters.someGetter // -> 'someGetter'

    dispatch('someOtherAction') // -> 'foo/someOtherAction'
    dispatch('someOtherAction', null, { root: true }) // -> 'someOtherAction'

    commit('someMutation') // -> 'foo/someMutation'
    commit('someMutation', null, { root: true }) // -> 'someMutation'
  },
  someOtherAction (ctx, payload) { ... }
    }
  }
}
```

如果在带命名空间的模块中注册全局 action，需要在其中设置 root:true，并将这个 action 的定义放入函数 handler 中，如以下代码所示。

```
{
  actions: {
    someOtherAction ({dispatch}) {
      dispatch('someAction')
    }
  },
  modules: {
    foo: {
      namespaced: true,

      actions: {
        someAction: {
          root: true,
          handler (namespacedContext, payload) { ... }        // -> 'someAction'
        }
      }
    }
  }
}
```

使用 mapState、mapGetters、mapActions 和 mapMutations 这 4 个函数来绑定带命名空间模块的方法如以下代码所示。

```
computed: {
  ...mapState({
    a: state => state.some.nested.module.a,
    b: state => state.some.nested.module.b
  })
},
methods: {
  ...mapActions([
    'some/nested/module/foo',          // -> this['some/nested/module/foo']()
    'some/nested/module/bar'           // -> this['some/nested/module/bar']()
  ])
}
```

或者可以将模块的空间名称字符串作为第一个参数传递给 mapState、mapGetters、mapActions 和 mapMutations，这样所有绑定都会自动将该模块作为上下文。于是上面的例子可以简化为如以下代码。

```
computed: {
  ...mapState('some/nested/module', {
    a: state => state.a,
    b: state => state.b
  })
},
methods: {
  ...mapActions('some/nested/module', [
    'foo',              // -> this.foo()
    'bar'               // -> this.bar()
  ])
}
```

也可以通过使用 createNamespacedHelpers 方法来创建基于某个命名空间的辅助函数，该方法返回一个对象。对象中包含有新创建的，并绑定在给定命名空间值上的组件绑定辅助函数，如以下代码所示。

```
import { createNamespacedHelpers } from 'vuex'

const { mapState, mapActions } = createNamespacedHelpers('some/nested/module')

export default {
```

```
computed: {
    // 在 `some/nested/module` 中查找
    ...mapState({
        a: state => state.a,
        b: state => state.b
    })
},
methods: {
    // 在 `some/nested/module` 中查找
    ...mapActions([
        'foo',
        'bar'
    ])
}
}
```

技能点 6　组合式 API 调用 Vuex

可以通过调用 useStore 函数，在 setup 钩子函数中访问 store。这与在组件中使用选项式 API 访问 this.$store 效果相同，如以下代码所示。

```
import { useStore } from 'vuex'

export default {
    setup () {
        const store = useStore()
    }
}
```

如需要在 setup 钩子函数中使用 state 和 getter，可以通过创建 computed 引用来保留其响应性，这与在选项式 API 中创建计算属性的方式一样，如以下代码所示。

```
import { computed } from 'vue'
import { useStore } from 'vuex'

export default {
    setup () {
```

```
    const store = useStore()

    return {
      // 在 computed 函数中访问 state
      count: computed(() => store.state.count),

      // 在 computed 函数中访问 getter
      double: computed(() => store.getters.double)
    }
  }
}
```

如需要在 setup 钩子函数中使用 mutation 和 action，可以通过调用 commit 和 dispatch 函数来实现，如以下代码所示。

```
import { useStore } from 'vuex'

export default {
  setup () {
    const store = useStore()

    return {
      // 使用 mutation
      increment: () => store.commit('increment'),

      // 使用 action
      asyncIncrement: () => store.dispatch('asyncIncrement')
    }
  }
}
```

1. 添加商品进入购物车功能

在书籍商城中，将商品添加到购物车中并结算是很多页面都要用到的功能，使用 Vuex 对该过程进行管理。购物车页面如图 8-3 所示。

图 8-3　购物车页面

第一步：在 src 目录中创建 store 文件夹，在 store 文件夹下创建 index.js 文件用以设置 Vuex 的配置，如代码 8-1 所示。

代码 8-1 store/index.js

```javascript
import { createStore } from 'vuex'

const store = createStore({
    //state 函数可返回状态数据
    state() {
        return{
        }
    }
})

export default store
```

第二步：在 Vue 程序的入口文件 main.js 中引入 store 实例，从而开启应用的 Vuex 状态管理功能，如代码 8-2 所示。

代码 8-2 main.js

```javascript
import { createApp } from 'vue'
import App from './App.vue'
import router from './router'
import axios from 'axios'
import VueAxios from 'vue-axios'
```

```
import store from './store'

axios.defaults.baseURL = "/api"

createApp(App).use(store).use(router).use(VueAxios, axios).mount('#app')
```

第三步：编写购物车状态管理配置，在 store 目录下新建 modules 文件夹用来保存 module 文件，在该文件夹下新建 cart.js 文件。文件中编写购物车相关功能，包括添加商品到购物车、增加购物车中物品的数量、清空购物车、删除购物车中的商品、计算购物车中所有商品的总价、计算购物车中单项商品的价格、获取购物车中商品的数量、增加任意数量的商品到购物车等方法，如代码 8-3 所示。

代码 8-3 cart.js

```
const state = {
    items: []
}

//mutations
const mutations = {
    // 添加商品到购物车中
    pushProductToCart(state, { id, imgUrl, title, price, quantity}) {
        if(! quantity)
            quantity = 1;
        state.items.push({ id, imgUrl, title, price, quantity });
    },

    // 增加商品数量
    incrementItemQuantity(state, { id, quantity }) {
        let cartItem = state.items.find(item => item.id == id);
        cartItem.quantity += quantity;
    },
    // 用于清空购物车
    setCartItems(state, { items }) {
        state.items = items
    },

    // 删除购物车中的商品
    deleteCartItem(state, id){
        let index = state.items.findIndex(item => item.id === id);
```

```
        if(index > -1)
            state.items.splice(index, 1);
    }
}


//getters
const getters = {
    // 计算购物车中所有商品的总价
    cartTotalPrice: (state) => {
        return state.items.reduce((total, product) => {
            return total + product.price * product.quantity
        }, 0)
    },
    // 计算购物车中单项商品的价格
    cartItemPrice: (state) => (id) => {
        if (state.items.length > 0) {
            const cartItem = state.items.find(item => item.id === id);
            if (cartItem) {
                return cartItem.price * cartItem.quantity;
            }
        }
    },
    // 获取购物车中商品的数量
    itemsCount: (state) => {
        return state.items.length;
    }
}


//actions
const actions = {
    // 增加任意数量的商品到购物车
    addProductToCart({ state, commit },
        { id, imgUrl, title, price, inventory, quantity }) {
        if (inventory > 0) {
            const cartItem = state.items.find(item => item.id == id);
            if (!cartItem) {
                commit('pushProductToCart', { id, imgUrl, title, price, quantity })
            } else {
```

```
            commit('incrementItemQuantity', { id, quantity })
        }
      }
    }
}
```

第四步：在 store 目录下的 index.js 文件中导入 cart 模块，如以下代码所示。

```
import cart from './modules/cart'

export default createStore({
  modules: {
    cart
  },
})
```

第五步：将分发方法 addProductToCart 添加到需要添加商品进入购物车功能的组件中，如以下代码所示。

```
<script>
  import { mapActions } from 'vuex'
  export default {
......
    methods: {
      ...mapActions('cart', [
        'addProductToCart'
      ]),
......
    }
</script>
```

添加完成后即可以 this. addProductToCart() 的形式在组件中使用该方法。

第六步：在 components 文件夹中创建购物车组件 ShoppingCart.vue，并使用 cart.js 文件中的各种方法构建购物车，如代码 8-4 所示。

代码 8-4 ShoppingCart.vue

```
<template>
  <div class="shoppingCart">
    <table>
      <tr>
        <th></th>
        <th> 商品名称 </th>
```

```
            <th> 单价 </th>
            <th> 数量 </th>
            <th> 金额 </th>
            <th> 操作 </th>
        </tr>
        <tr v-for="book in books" :key="book.id">
            <td><img :src="book.imgUrl"></td>
            <td>
                <router-link :to="{name: 'book', params:{id: book.id}}" target="_blank">
                    {{ book.title }}
                </router-link>
            </td>
            <td>{{ currency(book.price) }}</td>
            <td>
                <button @click="handleSubtract(book)">-</button>
                    {{ book.quantity }}
                <button @click="handleAdd(book.id)">+</button>
            </td>
            <td>{{ currency(cartItemPrice(book.id)) }}</td>
            <td>
                <button @click="deleteCartItem(book.id)"> 删除 </button>
            </td>
        </tr>
    </table>
    <p>
        <span><button class="checkout" @click="checkout"> 结算 </button></span>
        <span> 总价: {{ currency(cartTotalPrice) }}</span>
    </p>
</div>
</template>

<script>
import { mapGetters, mapState, mapMutations } from 'vuex'
export default {
    name: "ShoppingCart",
    inject: ['currency'],
    computed: {
        // 将 items 状态声明为 books 属性
```

```
      ...mapState('cart', {
        books: 'items'
      }),
      // 将计算购物车中单项商品的价格与计算购物车中所有商品的总价的方法映射到组
件中
      ...mapGetters('cart', [
        'cartItemPrice',
        'cartTotalPrice'
      ])
    },
    methods: {
      itemPrice(price, count){
                         return price * count;
      },
      // 将删除购物车中的商品、增加商品数量、清空购物车方法映射到组件中
      ...mapMutations('cart', [
        'deleteCartItem',
        'incrementItemQuantity',
        'setCartItems'
      ]),
      handleAdd(id){
        this.incrementItemQuantity({id: id, quantity: 1});
      },
      handleSubtract(book){
        let quantity = book.quantity -1;

        if(quantity <= 0){
          this.deleteCartItem(book.id);
        }
        else
          this.incrementItemQuantity({id: book.id, quantity: -1});
      },
      checkout(){
        this.$router.push("/check");
      }
    }
};
</script>
```

```
<style scoped>
.shoppingCart {
    text-align: center;
    margin-left: 45px;
    width: 96%;
    margin-top: 70px;
}
.shoppingCart table {
    border: solid 1px black;
    width: 100%;
    background-color: #eee;


}
.shoppingCart th {
    height: 50px;
}
.shoppingCart th, .shoppingCart td {
    border-bottom: solid 1px #ddd;
    text-align: center;
}
.shoppingCart span {
    float: right;
    padding-right: 15px;
}
.shoppingCart img{
    width: 60px;

    height: 60px;
}
.shoppingCart .checkout{
    float: right;
    width: 60px;
    height: 30px;
    margin: 0;
    border: none;
    color: white;
    background-color: red;
    cursor: pointer;
```

```
}
</style>
```

第七步：在 vue-router 的设置文件 index.js 中添加购物车页面路由，如以下代码所示。

```
import { createRouter, createWebHistory } from 'vue-router'
import Home from '@/components/Home'
import store from '@/store'
const routes = [
……
  {
    path: '/cart',
    name: 'cart',
    meta: {
      title: ' 购物车 '
    },
    component: () => import('../components/ShoppingCart.vue')
  }
]
……
export default router
```

第八步：在 HeaderCart.vue 组件中完善购物车按钮，如以下代码所示。

```
<template>
  <div class="headerCart">
    <a href="javascript:;" @click.prevent="handleCart">
      <span> 购物车 {{ cartItemsCount }}</span>
    </a>
  </div>
</template>
<script>
  import { mapGetters } from 'vuex'
  export default {
    name:'HeaderCart',
    components: {},
    computed: {
      // 将获取购物车中商品的数量方法映射到组件中
      ...mapGetters('cart', {
        cartItemsCount: 'itemsCount'
      })
```

```
    },
    methods: {
      handleCart(){
        this.$router.push("/cart");
      }
    },
  }
</script>……
```

2. 购物车结算功能

编写结算页面,在 components 文件夹中创建购物车组件 Checkout.vue 文件,结算页面如图 8-4 所示。

图 8-4　结算页面

第一步:在 Checkout.vue 组件中使用 cart.js 文件中的各种方法构建结算页面,结算页面中列出购物车中所有的商品,但不能对它们进行更改,点击付款后提示用户付款成功并清空购物车,如代码 8-5 所示。

代码 8-5 Checkout.vue

```
<template>
  <div class="shoppingCart">
    <table>
      <tr>
        <th></th>
        <th> 商品名称 </th>
        <th> 单价 </th>
```

```html
        <th> 数量 </th>
        <th> 金额 </th>
        <th> 操作 </th>
      </tr>
      <tr v-for="book in books" :key="book.id">
        <td><img :src="book.imgUrl"></td>
        <td>
          <router-link :to="{name: 'book', params:{id: book.id}}" target="_blank">
            {{ book.title }}
          </router-link>
        </td>
        <td>{{ currency(book.price) }}</td>
        <td>
          <button @click="handleSubtract(book)">-</button>
            {{ book.quantity }}
          <button @click="handleAdd(book.id)">+</button>
        </td>
        <td>{{ currency(cartItemPrice(book.id)) }}</td>
        <td>
          <button @click="deleteCartItem(book.id)"> 删除 </button>
        </td>
      </tr>
    </table>
    <p>
      <span><button class="checkout" @click="checkout"> 结算 </button></span>
      <span> 总价：{{ currency(cartTotalPrice) }}</span>
    </p>
  </div>
</template>

<script>
import { mapGetters, mapState, mapMutations } from 'vuex'
export default {
  name: "ShoppingCart",
  inject: ['currency'],
  computed: {
    // 将 items 状态声明为 books 属性
    ...mapState('cart', {
```

```
        books: 'items'
    }),
    // 将计算购物车中单项商品的价格与计算购物车中所有商品的总价的方法映射到组
件中
    ...mapGetters('cart', [
      'cartItemPrice',
      'cartTotalPrice'
    ])
  },
  methods: {
    itemPrice(price, count){
                        return price * count;
    },
    // 将删除购物车中的商品、增加商品数量、清空购物车方法映射到组件中
    ...mapMutations('cart', [
      'deleteCartItem',
      'incrementItemQuantity',
      'setCartItems'
    ]),
    handleAdd(id){
      this.incrementItemQuantity({id: id, quantity: 1});
    },
    handleSubtract(book){
      let quantity = book.quantity -1;
      if(quantity <= 0){
        this.deleteCartItem(book.id);
      }
      else

        this.incrementItemQuantity({id: book.id, quantity: -1});
    },
    checkout(){
      this.$router.push("/check");
    }
  }
};
</script>
<style scoped>
```

```
.shoppingCart {
    text-align: center;
    margin-left: 45px;
    width: 96%;
    margin-top: 70px;
}
.shoppingCart table {
    border: solid 1px black;
    width: 100%;
    background-color: #eee;
}
.shoppingCart th {
    height: 50px;
}
.shoppingCart th, .shoppingCart td {
    border-bottom: solid 1px #ddd;
    text-align: center;
}
.shoppingCart span {
    float: right;
    padding-right: 15px;
}
.shoppingCart img{
    width: 60px;
    height: 60px;
}
.shoppingCart .checkout{
    float: right;
    width: 60px;

    height: 30px;
    margin: 0;
    border: none;
    color: white;
    background-color: red;
    cursor: pointer;
}
</style>
```

第二步：在 vue-router 的设置文件 index.js 中添加结算页面路由，并使其登录后才能使用，如以下代码所示。

```
import { createRouter, createWebHistory } from 'vue-router'
import Home from '@/components/Home'
import store from '@/store'
const routes = [
......
  {
    path: '/check',
    name: 'check',
    meta: {
      title: ' 结算 ',
      // 设置必须登录使用
      requiresAuth: true
    },
    component: () => import('../components/Checkout.vue')
  }
]
......
export default router
```

3. 实现用户管理

第一步：编写用户状态管理配置，在 module 目录下新建 user.js 文件。在文件中编写保存用户状态和删除用户状态方法，如代码 8-6 所示。

代码 8-6 user.js

```
const state = {
  // 用户状态
  user: null
}
const mutations = {
  // 保存用户状态
  saveUser(state, {username, id}){
    state.user = {username, id}
  },
  // 删除用户状态
  deleteUser(state){
    state.user = null;
  }
```

```
}
export default {
    namespaced: true,
    state,
    mutations,
}
```

第二步：在 store 目录下的 index.js 文件中导入 user 模块，如以下代码所示。

```
import cart from './modules/cart'
import user from './modules/user'

export default createStore({
    modules: {
        cart,
        user
    },
})
```

第三步：在 UserLogin.vue 和 UserRegister.vue 组件中引入 saveUser 方法来保存用户登录状态，如以下代码所示。

```
<script>
    import { mapActions } from 'vuex'
    export default {
......
        methods: {
            ...mapMutations('user', [
            'saveUser'
        ]),
......
        }
</script>
```

第四步：在 Header.vue 组件中完善退出登录按钮，如以下代码所示。

示例代码 1-2：main.js

```
<template>
    <div class="header">
        <HeaderSearch />
        <HeaderCart/>
```

```
    <span  v-if="!user"> 你 好，请 <router-link  to="/login"> 登 录 </router-link>     免 费
<router-link to="/register"> 注册 </router-link></span>
    <span v-else> 欢迎您，{{ user.username }}，<a href="javascript:;" @click="logout"> 退
出登录 </a></span>
  </div>
</template>

<script>
import HeaderSearch from "./HeaderSearch";
import HeaderCart from "./HeaderCart";
import { mapState, mapMutations } from 'vuex'

export default {
  name: "Header",
  components: {
    HeaderSearch,
    HeaderCart
  },
  computed: {
    ...mapState('user', [
      'user'
    ])
  },
  methods: {
    logout(){
      this.deleteUser();
    },
    ...mapMutations('user', [
      'deleteUser'
    ])
  },
};
</script>
```

　　本次任务讲解了使用 Vuex 实现书籍商城购物结算功能以及用户管理功能,通过对本次任务的学习,加深了对于 Vuex 的理解,掌握了 Vuex 各种功能的使用方法,提高了对 Vuex 中各种概念的理解。

mutation	变化
strict	严厉的
dispatch	派遣
store	仓库
payload	有效负荷

一、选择题

1. 有关于 store 说法错误的是(　　　)。

A. store 中保存着应用中大部分的 state 状态

B. store 中的状态是非响应式的

C. 可以通过提交 action 改变 store 中的状态

D. 可以通过提交 mutation 改变 store 中的状态

2. 有关于 mutation 说法错误的是(　　　)。

A. 提交 mutation 时不能传入额外参数

B. 可以使用包含 type 属性的对象来提交 mutation

C. 使用常量代替 mutation 事件类型进行提交

D. 不能直接调用一个 mutation 处理函数

3. Vuex 中没有以下哪个辅助函数(　　　)。

A. mapMutations

B. mapGetters

C. mapState

D. mapModules

4. 哪种不是 action 的分发模式（　　　）。

A. 使用方法名进行分发

B. 直接在分发方法里定义 action

C. 以载荷形式分发

D. 以对象形式分发

二、简答题

1. action 与 mutation 有什么相同点？又有什么不同点？